Mohamed Abdel-Raheem

Azeitonas, Agricultura, Pragas de insectos e Economia

Mohamed Abdel-Raheem

Azeitonas, Agricultura, Pragas de insectos e Economia

Imprint

Any brand names and product names mentioned in this book are subject to trademark, brand or patent protection and are trademarks or registered trademarks of their respective holders. The use of brand names, product names, common names, trade names, product descriptions etc. even without a particular marking in this work is in no way to be construed to mean that such names may be regarded as unrestricted in respect of trademark and brand protection legislation and could thus be used by anyone.

Cover image: www.ingimage.com

This book is a translation from the original published under ISBN 978-620-7-64061-4.

Publisher:
Sciencia Scripts
is a trademark of
Dodo Books Indian Ocean Ltd. and OmniScriptum S.R.L publishing group

120 High Road, East Finchley, London, N2 9ED, United Kingdom
Str. Armeneasca 28/1, office 1, Chisinau MD-2012, Republic of Moldova, Europe
Printed at: see last page
ISBN: 978-620-7-86006-7

Azeitonas, Agrícolas, Pragas de insectos e economicamente

Por

Prof. Dr. Mohamed Abdel-Raheem

(2024)

Azeitonas, Agrícolas, Pragas de insectos e economicamente

Prof. Dr. Mohamed Abdel-Raheem Ali Abdel-Raheem

Professor de Entomologia (Controlo Biológico)

Departamento de Pragas e Proteção das Plantas

Instituto de Investigação Agrícola e Biológica

Centro Nacional de Investigação.

33rd ElBohouth St., Dokki, Cairo, Egipto.

Correio eletrónico: abdelraheem_nrc@hotmail.com,

abdelraheem_nrc@yahoo.com

Telemóvel: (+2) 01155527583 - (+2) 01009580797

Índice

Introdução

Durante milhares de anos, a oliveira fez parte integrante da paisagem palestiniana: um símbolo da identidade, da cultura e da tradição palestinianas.

A maioria dos agricultores palestinianos depende, pelo menos parcialmente, da cultura da oliveira. A atual rentabilidade da olivicultura é evidente no aumento, nos últimos anos, do número de agricultores que plantam novas árvores e cuidam dos seus pomares.

Num ano bom, o sector do azeite contribui anualmente com mais de 100 milhões de dólares para o rendimento de algumas das comunidades mais pobres. A cultura da oliveira tem também fortes aspectos sociais e políticos, uma vez que a plantação de olivais é frequentemente uma tentativa de impedir a confiscação de terras por Israel ou pelos colonos e de proteger os meios de subsistência dos palestinianos.

Embora o sector do azeite contribua significativamente para a segurança económica e gere rendimentos e emprego, numerosos obstáculos impedem o sector de realizar todo o seu potencial. A falta de recursos adequados e uma gestão setorial ineficaz, juntamente com factores ambientais e práticas de produção e de qualidade deficientes, causaram a estagnação do desenvolvimento do sector.

Os doadores e as ONG têm de trabalhar com as autoridades palestinianas competentes e com todas as partes interessadas para desenvolver uma estratégia eficaz e melhorar a coordenação e a regulamentação do sector. Com os investimentos adequados e a adoção de melhores práticas agrícolas, a Oxfam estima que a produtividade e, por conseguinte, os rendimentos dos olivicultores poderão duplicar.

As práticas que melhoram a quantidade e a qualidade do azeite, combinadas com melhores capacidades de comercialização, poderiam aumentar a quota de mercado local e abrir o mercado global em crescimento a mais olivicultores palestinianos. O aumento da produtividade asseguraria a estabilidade dos preços do azeite no mercado interno e aumentaria o excedente disponível para exportação (que existe sempre em anos de elevada produção).

Através da melhoria da qualidade do azeite, os agricultores palestinianos têm potencial para se tornarem líderes nos mercados biológico e de comércio equitativo. Embora estes nichos de mercado sejam relativamente pequenos a nível mundial, proporcionam oportunidades adicionais de comercialização aos agricultores palestinianos e preços mais elevados que tornam o azeite palestiniano mais competitivo. No entanto, tais investimentos não têm sentido se Israel, que ocupa a Cisjordânia desde 1967, não se abstiver de acções que restrinjam o acesso dos agricultores palestinianos às suas terras e aos seus meios de subsistência.

A série de impedimentos físicos, logísticos e administrativos impostos por Israel aos agricultores e comerciantes palestinianos limita o acesso aos mercados locais, nacionais e de exportação e impede a plena aplicação dos acordos comerciais internacionais. A Oxfam tem uma longa história de assistência aos olivicultores na Palestina. Com financiamento da União Europeia, estamos atualmente a ajudar os agricultores a melhorar as práticas agrícolas e a abrir mercados locais, regionais e internacionais aos seus produtos. Acreditamos que, se a

Autoridade Palestiniana, Israel, a comunidade internacional, os doadores e as ONG abordarem as questões delineadas neste relatório, o futuro dos olivicultores palestinianos parece promissor.

Estima-se que 45% das terras agrícolas da Cisjordânia e da Faixa de Gaza estejam plantadas com cerca de 10 milhões de oliveiras com potencial para produzir até 34 000 toneladas métricas de azeite num ano bom, mas apenas 5 000 toneladas num ano mau, sendo a quantidade média de azeite produzida entre 2001-2009 de cerca de 17 000 toneladas[1].

Dado que a cultura da oliveira na Cisjordânia tende a ser uma plantação tradicional com poucos factores de produção e com pouca utilização de produtos químicos, é mais sustentável do ponto de vista ambiental do que a cultura intensiva da oliveira frequentemente praticada noutros países produtores de azeite (especificamente na Europa)[2]. Aproximadamente 95 por cento da colheita de azeitona é utilizada para o azeite e o restante para os picles, azeitonas de mesa e sabão. NUM ANO BOM, O SECTOR DA AZEITONA CONTRIBUI COM CERCA DE 15-19% DA PRODUÇÃO AGRÍCOLA[3].

ESTE VALOR EQUIVALE A CERCA DE 160-191 MILHÕES DE DÓLARES. AS AZEITONAS E O AZEITE SÃO UMA DAS PRINCIPAIS EXPORTAÇÕES DA PALESTINA[4].

A agricultura nos Territórios Palestinianos Ocupados é um importante fornecedor de trabalho formal e informal. O emprego no sector agrícola aumentou de 11,5% em 1996 para 14,2% em 2008[5].

A maioria dos palestinianos depende da agricultura como forma secundária de rendimento e a olivicultura não é exceção. A cultura da oliveira proporciona emprego e rendimentos a cerca de 100 000 famílias de agricultores que são produtores de azeite. Os olivais são geralmente geridos como pequenas empresas familiares, utilizando mão de obra familiar não remunerada. Mais de 80 por cento dos olivicultores são pequenos e médios agricultores, proprietários de olivais de dimensão igual ou inferior a 25 dunares[6].

O sector cria milhares de postos de trabalho. A produção de azeitona gera emprego sazonal para os trabalhadores durante a época da colheita (cerca de 3 milhões de dias de trabalho num ano bom)[7]. [Muitos destes trabalhadores são meeiros (que contribuem com mão de obra durante a época da colheita e recebem em troca uma parte da colheita). Em 2009, havia 490 trabalhadores assalariados a trabalhar em cerca de 235 lagares de azeite que operavam em todo o território do PTO[8].

O sector também dá emprego às pessoas que trabalham em viveiros e fábricas de engarrafamento, bem como aos comerciantes. Um terço das mulheres activas trabalha no sector agrícola. [9]

As mulheres desempenham um papel ativo na produção de azeitonas e de azeite, especificamente na monda, na colheita, na classificação/triagem das azeitonas e na armazenagem[10]. No entanto, não têm controlo sobre a propriedade da terra ou sobre os bens de produção (como as máquinas), que são em grande parte controlados pelos homens, nem acesso ao capital[11]. [11]

Além disso, as azeitonas e o azeite são, em grande medida, comercializados e vendidos pelos homens nos mercados locais ou a comerciantes e exportadores, enquanto as mulheres vendem pequenas quantidades através de redes informais e no seio da sua comunidade, o que é menos rentável[12]. No entanto, nas famílias chefiadas por mulheres, estas têm frequentemente controlo sobre os activos produtivos, bem como sobre os créditos e os factores de produção, o que lhes permite participar na agricultura e dela beneficiar em pé de igualdade com os homens.

As colheitas de azeitona na Cisjordânia são flutuantes, uma vez que as oliveiras tendem a dar uma colheita abundante apenas em anos alternados. Atualmente, o nível de flutuação é imprevisível, o que dificulta aos agricultores a manutenção de um produto consistente e o acesso aos mercados externos, satisfazendo simultaneamente as necessidades do consumo local. De acordo com testemunhos de olivicultores e registos do Ministério da Agricultura, a época de colheita de 2009 foi uma das piores épocas dos últimos 15 anos. A produção de azeite em 2009 foi cerca de 27% da produção de 2008.

Embora a produção alternada seja um fenómeno natural, as flutuações de rendimento podem ser estabilizadas através da melhoria das práticas agrícolas e de produção. O gráfico abaixo mostra as flutuações de rendimento entre 2001 e 2009. Os agricultores podem estabilizar os rendimentos aplicando as práticas ambientalmente correctas descritas abaixo:

O efeito das alterações climáticas não pode ser subestimado, especialmente numa sociedade em que o acesso à terra e aos recursos hídricos é limitado devido à ocupação israelita, colocando em maior risco uma sociedade agrícola já de si frágil.

As alterações climáticas, tanto o aumento da temperatura como a diminuição da precipitação, que provocam secas mais frequentes e aumentam a desertificação, terão um impacto significativo na agricultura palestiniana, na segurança alimentar e na disponibilidade de água. A maioria das oliveiras é alimentada pela chuva, o que torna os olivicultores particularmente vulneráveis à seca. Em 2008/2009, a precipitação foi muito inferior à média anual e, nas regiões áridas e propensas à seca de Belém e Hebron, a produção de azeitona foi significativamente reduzida[13].

A prática de técnicas de irrigação pode melhorar significativamente o rendimento das culturas, mas os palestinianos da Cisjordânia não têm acesso a recursos hídricos que estão predominantemente sob controlo israelita. Os dados do Ministério da Agricultura mostram um rendimento relativamente elevado em Jericó e Gaza em 2009, em comparação com outras regiões, devido à prática da irrigação suplementar[14].

Várias organizações estão atualmente a testar iniciativas para introduzir piscinas de água, que recolhem a água da chuva no inverno para a utilizar no verão, como um método para aumentar o rendimento das culturas[15].

Embora as alterações climáticas estejam agora na agenda da Autoridade Palestiniana e a Autoridade para a Qualidade Ambiental tenha trabalhado para avaliar o risco e a vulnerabilidade e criar uma estratégia de adaptação, esta ainda não foi desenvolvida numa política global e num plano de ação nacional para fazer face às alterações climáticas.

Melhorar a produtividade do solo A mobilização do solo é um

fator importante para melhorar a produtividade das culturas, incluindo as oliveiras. Destrói as pragas, controla as ervas daninhas, distribui os nutrientes pelo solo e permite que este retenha a humidade. A maior parte dos olivais da Papua-Nova Guiné é lavrada com animais, uma vez que os socalcos montanhosos são inacessíveis aos tractores. Poucos agricultores palestinianos utilizam os pequenos tractores especialmente concebidos para este tipo de terreno, comuns noutros países produtores de azeite. A lavoura mecanizada pode reduzir os custos de lavoura, mas se for utilizada de forma intensiva pode provocar uma maior erosão do solo. A fim de aumentar a produtividade do solo nos olivais, estão a ser lançadas iniciativas para substituir o estrume por composto sob as oliveiras, que retém a humidade no solo, e reduzir a utilização de herbicidas para controlar as ervas daninhas.

A MELHORIA DA QUALIDADE DO AZEITE E DA PRODUÇÃO DE AZEITE VIRGEM EXTRA MELHOROU AS NOSSAS CONDIÇÕES ECONÓMICAS. OS AGRICULTORES ESTÃO A LUCRAR CERCA DE 5.000-6.000 ILS A MAIS ($ 1.300-1.600). OS LUCROS OBTIDOS PERMITIRAM-NOS ABRIR NOVOS CAMINHOS AGRÍCOLAS COM O APOIO DA AUTARQUIA LOCAL.

UM OLIVICULTOR DA COOPERATIVA QARAWET BANI HASSAN, JUNHO DE 2010

Um dos principais problemas das oliveiras é a mosca da azeitona. A mosca da azeitona afecta a quantidade da produção de azeitona e a qualidade do azeite, tornando-o frequentemente impróprio para consumo humano. Outro problema que afecta as oliveiras na oPt é uma doença fúngica chamada ciclónio, vulgarmente conhecida por olho de pavão. [16]

A introdução de armadilhas caseiras para a mosca da azeitona e a pulverização das árvores contra a doença do olho de pavão com cobre (dentro das directrizes biológicas) revelaram-se eficazes na redução das perdas e no aumento da produtividade. Do mesmo modo, a adoção de técnicas de poda pode favorecer o crescimento dos ramos e das azeitonas e reduzir o desenvolvimento de fungos como o olho de pavão. Com uma melhor poda e um melhor controlo da mosca da azeitona e da doença do olho de pavão, é possível reduzir o impacto do fenómeno da alternância de produção e aumentar o rendimento até 50%.

Melhoria das técnicas de colheita A maior parte da colheita é feita à mão, o que contribui significativamente para cerca de metade dos custos de mão de obra dos olivicultores palestinianos. Tradicionalmente, os palestinianos colhem as azeitonas batendo-lhes nas árvores com paus, o que pode danificar os frutos e reduzir a qualidade do azeite, mas a sensibilização levou a que a maioria dos agricultores colha agora as suas azeitonas à mão. É essencial que as azeitonas sejam colhidas na altura certa para garantir azeitonas e azeite de alta qualidade. A colocação de redes no solo e o armazenamento das azeitonas em caixas ventiladas ou em sacos de Hesse preservam a frescura das azeitonas antes da prensagem.

Embora várias instituições e ONG ofereçam formação em práticas agrícolas, a participação das mulheres nessas sessões de formação é frequentemente reduzida. As organizações que ministram formação devem estar mais conscientes da contribuição significativa das mulheres para a agricultura e adotar métodos para garantir que as mulheres possam beneficiar plenamente do intercâmbio de conhecimentos e do reforço das capacidades. A realização de sessões de formação exclusivas para mulheres ou a garantia de que as sessões são conduzidas num horário e local convenientes para as mulheres ajudaria as mulheres a aceder às competências de que necessitam.

Estima-se que os agricultores possam estabilizar o fenómeno da alternância de ciclos de dois anos para ciclos de quatro a cinco anos e diminuir a diferença de produção entre os anos de alta e baixa produtividade[17].

Isto poderia resultar num aumento progressivo da produção anual de 20 000 toneladas para 35 000 toneladas nos próximos três a sete anos, um aumento adicional de 38-45 milhões de dólares por cada 10 000 toneladas durante o mesmo período[18].

A grande maioria das azeitonas colhidas na Cisjordânia é utilizada para produzir azeite. O azeite palestiniano pode ser de grande qualidade se for bem produzido, com base numa análise química e numa avaliação organoléptica (sensorial). A esmagadora maioria do azeite palestiniano é azeite virgem, tal como exigido pelo mercado local. No entanto, para o lucrativo mercado de exportação, o azeite palestiniano é um azeite virgem.

Melhorar a produtividade do solo A mobilização do solo é um fator importante para melhorar a produtividade das culturas, incluindo as oliveiras. Destrói as pragas, controla as ervas daninhas, distribui os nutrientes pelo solo e permite que este retenha a humidade. A maior parte dos olivais da Papua-Nova Guiné é lavrada com animais, uma vez que os socalcos montanhosos são inacessíveis aos tractores. Poucos agricultores palestinianos utilizam os pequenos tractores especialmente concebidos para este tipo de terreno, comuns noutros países produtores de azeite.

A lavoura mecanizada pode reduzir os custos de lavoura, mas, se for utilizada de forma intensiva, pode conduzir a uma maior erosão do solo. A fim de aumentar a produtividade do solo nos olivais, estão a ser lançadas iniciativas para substituir o estrume por composto sob as oliveiras, que retém a humidade no solo, e reduzir a utilização de herbicidas para controlar as ervas daninhas.

A MELHORIA DA QUALIDADE DO AZEITE E DA PRODUÇÃO DE AZEITE VIRGEM EXTRA MELHOROU AS NOSSAS CONDIÇÕES ECONÓMICAS. OS AGRICULTORES ESTÃO A LUCRAR CERCA DE 5.000-6.000 ILS A MAIS ($ 1.300-1.600).

Proteção contra doenças e pragas Um dos principais problemas das oliveiras é a mosca da azeitona. A mosca da azeitona afecta a quantidade da produção de azeitona e a qualidade do azeite, tornando-o frequentemente impróprio para consumo humano. Outro problema que afecta as oliveiras na oPt é a doença fúngica cycloconium, vulgarmente conhecida por olho de pavão. 16 A introdução de armadilhas caseiras para a mosca da azeitona e a pulverização das árvores com cobre contra a doença do olho de pavão (de acordo com as directrizes biológicas) revelaram-se eficazes na redução das perdas e no aumento da produtividade.

Do mesmo modo, a adoção de técnicas de poda pode favorecer o crescimento dos ramos e das azeitonas e reduzir o desenvolvimento de fungos como o olho de pavão. Com uma melhor poda e um melhor controlo da mosca da azeitona e da doença do olho de pavão, é possível reduzir o impacto do fenómeno da alternância de produção e aumentar o rendimento até 50%.

Melhoria das técnicas de colheita A maior parte da colheita é feita à mão, o que contribui significativamente para cerca de metade dos custos de mão de obra dos olivicultores palestinianos. Tradicionalmente, os palestinianos colhem as azeitonas batendo-lhes nas árvores com paus, o que pode danificar os frutos e reduzir a qualidade do azeite, mas a sensibilização levou a que a maioria dos agricultores colha agora as suas azeitonas à mão.

É essencial que as azeitonas sejam colhidas na altura certa para garantir azeitonas e azeite de alta qualidade. A colocação de redes no chão e o armazenamento das azeitonas em caixas ventiladas ou em sacos de Hesse preservam a frescura das azeitonas antes da prensagem. Embora várias instituições e ONG ofereçam formação em práticas agrícolas, a participação das mulheres nessas sessões de formação é frequentemente baixa.

As organizações que prestam formação devem estar mais conscientes do contributo significativo das mulheres para a agricultura e adotar métodos para garantir que as mulheres possam beneficiar plenamente do intercâmbio de conhecimentos e do desenvolvimento de capacidades. A realização de sessões de formação exclusivas para mulheres ou a garantia de que as sessões são conduzidas num horário e local convenientes para as mulheres ajudariam as mulheres a aceder às competências de que necessitam. Estima-se que os agricultores possam estabilizar o fenómeno da alternância de ciclos de dois anos para ciclos de quatro a cinco anos e diminuir a diferença de produção entre os anos de alto e baixo rendimento[17].

Isto poderia resultar num aumento progressivo da produção anual de 20 000 toneladas para 35 000 toneladas nos próximos três a sete anos, um aumento adicional de 38-45 milhões de dólares por cada 10 000 toneladas durante o mesmo período[18].

A grande maioria das azeitonas colhidas na Cisjordânia é utilizada para produzir azeite. O azeite palestiniano pode ser de muito boa qualidade se for bem produzido, com base na análise química e na avaliação organoléptica (sensorial).

A esmagadora maioria do azeite palestiniano é azeite virgem, tal como exigido pelo mercado local. No entanto, para o lucrativo mercado de exportação, o azeite palestiniano é azeite virgem, pois é o que o mercado local exige.

No entanto, para o rentável mercado de exportação, o azeite palestiniano nem sempre satisfaz as normas exigidas ou a preferência de alguns mercados pelo azeite virgem extra, que tem valores de acidez e de peróxidos mais baixos. O azeite palestiniano produzido para exportação é por vezes de qualidade variável. Por exemplo, em 2005, cinco contentores de azeite foram rejeitados nas fronteiras da UE em França, Itália, Reino Unido e Bélgica, devido à falta de conformidade com as normas da UE[19].

Estas ocorrências prejudicam a reputação do azeite palestiniano e a produção consistente de azeite de alta qualidade é essencial para garantir e manter o acesso aos mercados internacionais. A introdução de simples alterações nas técnicas de prensagem e de armazenagem permitiria melhorar drasticamente a qualidade do azeite prensado. Atualmente, um certo número de factores reduz a qualidade do azeite palestiniano, para além dos métodos de colheita incorrectos acima referidos. 2 f O azeite palestiniano é azeite virgem porque é o que o mercado local exige. No entanto, para o rentável mercado de exportação, o azeite palestiniano nem sempre satisfaz as normas exigidas ou a preferência de alguns mercados pelo azeite virgem extra, que tem valores de acidez e de peróxidos mais baixos. O azeite palestiniano produzido para exportação é por vezes de qualidade variável. Por exemplo, em 2005, cinco contentores de azeite foram rejeitados nas fronteiras da UE em França, Itália, Reino Unido e Bélgica, devido à falta de conformidade com as normas da UE19 . Estas ocorrências prejudicam a reputação do azeite palestiniano e uma produção consistente de azeite de alta qualidade é essencial para garantir e manter o acesso aos mercados internacionais. A produção consistente de azeite de alta qualidade é essencial para garantir e manter o acesso aos mercados internacionais. Atualmente, para além dos métodos de colheita incorrectos acima referidos, há uma série de factores que reduzem a qualidade do azeite palestiniano. [20]

Estes incluem:

• atrasos na prensagem das azeitonas que provocam um aumento da acidez, nomeadamente nos dois primeiros dias

• não prensagem das azeitonas de acordo com o processo correto, incluindo a temperatura e a taxa de humidade correctas, mudança pouco frequente da água utilizada para lavar as azeitonas ou condições insalubres no lagar

• Armazenamento do azeite prensado em condições incorrectas. O azeite deve ser armazenado a uma temperatura constante em depósitos de aço inoxidável

• armazenamento prolongado, uma vez que a qualidade do azeite diminui com a idade do azeite

• misturar o azeite com outros óleos, como o de soja ou de milho. Esta prática, conhecida como adulteração, é inaceitável para o mercado

• a ausência de fortes mecanismos internos de controlo da qualidade. Em 2005, o Instituto Palestiniano de Normalização elaborou uma "Carta de Qualidade do Azeite".

Esta carta estabelece as boas práticas em todas as fases da produção de azeite, desde a colheita até à rotulagem dos produtos, de modo a garantir a produção consistente de azeite de boa qualidade, tanto para consumo interno como para satisfazer as exigências do mercado internacional. Esta carta foi oficialmente aprovada e é apoiada por um amplo consenso das partes interessadas. No entanto, os procedimentos de controlo e de certificação geridos pelo Instituto Palestiniano de Normalização, pelo Ministério da Agricultura e pelo Ministério da Economia Nacional não foram plenamente aplicados. Atualmente, os testes de qualidade do azeite palestiniano para consumo local só são efectuados após a receção de uma queixa de um consumidor. A falta de rotulagem e de certificação significa que é frequente a mistura de azeites (velhos e novos, ou azeite com óleos vegetais)[21].

Trabalhar em conjunto Quando os agricultores trabalham

coletivamente para colher e prensar as suas azeitonas e se organizam em organizações de produtores, a qualidade do azeite melhora e obtêm um melhor preço pelo seu produto. A organização em grupos de produtores permite aos agricultores reunir recursos para melhorar o acesso aos bens e equipamentos necessários para manter os seus pomares e otimizar a produção.

A maioria dos lagares não prensará menos de 300 kg de azeitonas de cada vez, uma quantidade que um único agricultor a trabalhar sozinho precisará de vários dias para colher. No entanto, através de um trabalho conjunto, os agricultores podem levar as suas azeitonas para o lagar diariamente, a granel, o que melhora a qualidade através da redução dos atrasos entre a colheita e o lagar.

A prensagem mais rápida reduz frequentemente a acidez do azeite, permitindo-lhe tornar-se azeite virgem extra. Este facto pode ser importante, uma vez que os agricultores podem receber um aumento de 2,5 ILS ($0,65) por quilo pelo seu azeite virgem extra, em comparação com o azeite virgem.

APÓS A FORMAÇÃO, ESTAMOS MUITO MAIS CONSCIENTES DE COMO E QUANDO PODAR AS NOSSAS OLIVEIRAS. UTILIZÁVAMOS SACOS DE PLÁSTICO PARA RECOLHER AS AZEITONAS, O QUE AFECTAVA A QUALIDADE DAS AZEITONAS. AGORA USAMOS CAIXAS DE PLÁSTICO QUE MELHORAM A QUALIDADE DO NOSSO AZEITE.

ESTAMOS MAIS CONSCIENTES DAS MELHORES PRÁTICAS DE COLHEITA, CONSERVAÇÃO E PRENSAGEM

DAS NOSSAS AZEITONAS. UM OLIVICULTOR DA COOPERATIVA KUFUR ABOUSH, JUNHO DE 2010

É importante que os agrupamentos de produtores não excluam os olivicultores individuais ou de muito pequena escala, que podem ser mais vulneráveis e necessitar de apoio. Atualmente, existe um número limitado de agrupamentos de produtores organizados na Cisjordânia, em parte devido ao facto de muitos olivicultores produzirem apenas para consumo próprio. Algumas partes interessadas apontam também para a necessidade de rever a atual lei das cooperativas, que pode atualmente limitar os benefícios da organização dos agricultores. [22]

Desafios estruturais Orçamento inadequado para o sector do azeite O sector agrícola palestiniano no seu conjunto representa cerca de 10% do PIB e 20% das exportações[23]. [No entanto, o sector sofre de falta de investimento. Em 2009, o Ministério da Agricultura recebeu cerca de 1,21% do orçamento total da Autoridade Palestiniana (AP). Deste montante, 58% são gastos em salários de funcionários e custos operacionais, deixando pouco para apoiar os próprios agricultores e o desenvolvimento do sector. [24]

O envolvimento do Ministério da Agricultura no sector do azeite centra-se principalmente nos serviços de extensão agrícola (fornecimento de conhecimentos sobre práticas agrícolas através da educação e da formação técnica dos agricultores). No entanto, o seu impacto neste domínio tem sido fraco devido à falta de recursos disponíveis no Ministério. Além disso, o Ministério não alargou os seus serviços a outros intervenientes no sector, como os viveiros que fornecem mudas de oliveira. [25]

Assegurar uma dotação orçamental adequada para o sector agrícola é um dos aspectos que permite garantir a concretização do direito à subsistência e à alimentação da população palestiniana, em especial para garantir que esses fundos sejam canalizados para as camadas mais pobres e vulneráveis da população, como os pequenos agricultores e os agricultores de subsistência. Ajuda dos doadores: necessidade de uma intervenção mais direccionada A Papua-Nova Guiné é um dos maiores beneficiários de ajuda humanitária do mundo. [26]

Embora seja essencial para atenuar os efeitos negativos do conflito e da ocupação, não pode ser uma solução sustentável para os meios de subsistência das comunidades a longo prazo, a menos que esteja ligada ao desenvolvimento a longo prazo da agricultura e do emprego, que poderia ajudar a população a sair da pobreza. Os doadores também prestam assistência bilateral à AP e apoiam os objectivos de desenvolvimento através do financiamento de ONG internacionais e locais. Em 2009, o apoio dos doadores ao desenvolvimento do sector agrícola limitou-se a menos de 1% dos fundos totais. [27]

No entanto, nos últimos cinco anos tem havido um interesse crescente dos doadores no sector do azeite. Os principais doadores do sector incluem a União Europeia (5 milhões de euros para 2008-2010); a Agência Francesa de Desenvolvimento (1,25 milhões de euros 2008-2010); e a Agência Suíça para o Desenvolvimento e Cooperação (1,1 milhões de dólares 2008-2010).

Os programas executados através de ONG palestinianas e internacionais centraram-se especialmente na melhoria da produção de azeitonas e da qualidade do azeite, bem como na melhoria da comercialização com vista a aumentar a competitividade global. Estas intervenções devem ser mantidas e alargadas. O reforço das capacidades das organizações de produtores ou de outros intervenientes na cadeia de valor e o investimento na prestação de serviços financeiros aos agricultores foram limitados.

O fraco acesso ao crédito e os regimes de pagamento irrealistas e incomportáveis dos empréstimos impedem os agricultores de expandir os seus pomares e de investir no equipamento necessário para aumentar o rendimento e a produtividade e reduzir os custos de produção. Por outro lado, a forte subvenção dos activos dos agricultores por alguns doadores pode criar problemas. Alguns produtores de azeite podem considerar a acumulação de activos como capital financeiro potencial e não canalizaram esses recursos para o aumento da produtividade dos olivais e da qualidade do azeite. [28]

Registaram-se alguns casos isolados de agricultores que bloquearam o acesso às cooperativas a potenciais membros que preenchiam os critérios de adesão, com o objetivo de aumentar os seus próprios lucros. Uma vez que os membros são accionistas, os agricultores receiam que o aumento do número de membros possa potencialmente causar uma menor percentagem de lucro por membro se as cooperativas venderem os activos que detêm. [29]

A falta de uma coordenação eficaz entre os doadores e as ONG conduziu, em alguns casos, a uma sobreposição de projectos e à duplicação de intervenções. Uma maior coordenação ajudaria a garantir a melhor utilização possível dos recursos disponíveis para desenvolver o sector.

Este problema foi também exacerbado devido à falta de uma estratégia nacional para o sector. A ausência de uma estratégia tem sido também um fator dissuasor do aumento do investimento dos doadores. Recentemente, os doadores europeus solicitaram ao Grupo de Trabalho Temático para o Sector do Azeite que elaborasse um documento de estratégia para o sector, que deverá ser apresentado no final de 2010.

É essencial que todas as partes interessadas tenham a oportunidade de contribuir para o desenvolvimento desta estratégia de uma forma participativa e inclusiva. Devem ser desenvolvidos mecanismos para garantir que as vozes das secções mais marginalizadas da comunidade olivícola sejam ouvidas, nomeadamente as das mulheres e dos agricultores individuais (não organizados), de modo a que a estratégia responda adequadamente às suas necessidades específicas.

O sector do azeite tem sofrido com a falta de um organismo regulador eficaz. Foi apenas em 2005 que o Conselho Palestiniano do Azeite (POOC) foi criado pelo Ministério da Agricultura para coordenar as partes interessadas, liderar o desenvolvimento do sector do azeite e aumentar a sua competitividade nos mercados locais, regionais e internacionais[30].

O valor acrescentado do POOC deve ser o de liderar a coordenação do sector e atuar como o principal organismo regulador. De acordo com o Memorando de Entendimento assinado entre o MoA e o POOC em outubro de 2009, o MoA deve transferir para o POOC a autoridade para organizar todos os projectos relacionados com o desenvolvimento do sector do azeite e deve atribuir um fundo anual especial ao POOC, a incluir no seu orçamento de acordo com as suas necessidades e planos[31].

Embora o MdA tenha transferido muitas responsabilidades para o POOC, não forneceu os recursos financeiros e humanos necessários para que o POOC cumprisse o seu mandato. Isto limitou a sua capacidade de se envolver efetivamente no sector e, até agora, as actividades têm-se limitado à realização de formações e à organização de workshops para os agricultores. Além disso, existe uma falta de clareza entre as partes interessadas sobre o papel do POOC, e este deve envolver-se proactivamente com todas as partes interessadas para garantir que estão conscientes do seu mandato e dos seus termos de referência. [32]

Embora a adesão ao POOC esteja aberta a todas as partes interessadas do sector, este tem sido criticado por ser dominado por alguns actores importantes. A falta de presença no terreno também significa que muitos intervenientes não sabem que o POOC é o seu órgão representativo e não confiam nele.

A maioria dos membros do POOC são agricultores. No entanto, de um potencial de 80 000 agricultores que poderiam ser membros (aqueles que possuem ou gerem mais de cinco dunums de terra plantada com oliveiras), apenas 13 000 agricultores aderiram até à data. [33]

A falta de participação ativa dos agricultores reduz a legitimidade do POOC para agir em seu nome. Uma maior presença nas províncias poderia aumentar a confiança das pessoas no COP e garantir que os agricultores exerçam o seu direito a uma participação plena e significativa no processo de tomada de decisões. Além disso, o POOC não tem o apoio do Conselho Oleícola Internacional (COI), o organismo que rege o sector do azeite a nível mundial.

A Palestina não é membro de pleno direito do COI, sendo-lhe concedido apenas o estatuto de observador, com base no facto de não ser um Estado. O COI convidou recentemente provadores de azeite palestinianos para formação, mas os palestinianos não beneficiaram da transferência de experiência e da cooperação institucional e técnica que a adesão plena poderia proporcionar. O COP tem de exercer uma pressão mais eficaz sobre o COI para que seja incluído.

Violência dos colonos Nos termos do direito internacional humanitário e do direito internacional dos direitos humanos, Israel, enquanto potência ocupante, deve garantir a ordem e a segurança públicas e proteger a população civil no território sob o seu controlo[36].

Na realidade, dezenas de milhares de oliveiras foram arrancadas ou queimadas pelo Governo israelita ou pelos colonos israelitas desde o início da ocupação em 1967, o que representa uma trágica perda de meios de subsistência para os agricultores palestinianos. Nos primeiros seis meses de 2010, as Nações Unidas comunicaram que milhares de oliveiras e outras culturas tinham sido danificadas em incidentes relacionados com os colonos[37].

A ONG israelita Yesh Din, num estudo recente, não encontrou um único caso em que as autoridades israelitas tenham tomado medidas para levar os envolvidos a tribunal[38]. Os ataques físicos ou o assédio contra os olivicultores palestinianos são também comuns e aumentam frequentemente durante a época da colheita. Esta situação tem contribuído frequentemente para a deslocação forçada dos agricultores.

Os activistas de solidariedade israelitas e internacionais que ajudam nas colheitas e procuram proteger os agricultores com a sua presença também foram vítimas de ataques. As ONG de defesa dos direitos humanos referiram que, em muitos casos, o pessoal do exército israelita presente no momento da violência não agiu para impedir o assédio ou o ataque a agricultores palestinianos ou a destruição dos seus bens por colonos israelitas, e referem mesmo alguns casos em que os próprios soldados participaram no assédio aos ceifeiros[39].

Acesso negado Restrição do acesso à terra e às oliveiras Cerca de 40% da Cisjordânia está efetivamente interdita aos palestinianos, ou o acesso é altamente restrito, devido a colonatos, postos avançados, estradas de circunvalação, bases militares, áreas militares fechadas e áreas que Israel declarou como sendo reservas naturais[38].[As áreas onde a circulação e o acesso são mais severamente restringidos incluem as terras classificadas como Área C na sequência dos Acordos de Oslo (cerca de 60% das terras da Cisjordânia sob total controlo israelita) e a Zona de Fragmentação (terras presas entre o Muro que está a ser construído por Israel e a Linha Verde/Linha de Armistício de 1967). A construção destas "zonas fechadas" pelas autoridades israelitas levou à expropriação de muitas extensões de terras agrícolas, prejudicando tanto a economia agrícola como o bem-estar das famílias de agricultores, especificamente as que dependem da agricultura para subsistência e segurança alimentar.

TENHO 18 DUNUM (1,8 HECTARES) DE OLIVEIRAS

ISOLADAS ATRÁS DO MURO. NÃO PUDE CUIDAR DELAS PORQUE É PROIBIDO ENTRAR NESTA ZONA. EM TODO O CASO, NÃO HÁ NENHUM PORTÃO AGRÍCOLA QUE NOS PERMITA PASSAR.

SE TIVERMOS A INFELICIDADE DE NOS APROXIMARMOS DEMASIADO, O EXÉRCITO CHEGA IMEDIATAMENTE PARA NOS EXPULSAR. ESTES 18 DUNUM PERMITIRAM-ME PRODUZIR 1350 LITROS DE AZEITE POR ANO. CORRO TAMBÉM O RISCO DE PERDER MAIS 23 DUNUM, PORQUE OS COLONOS ESTÃO A RETIRAR FONTES DE ÁGUA VITAIS PARA AS OLIVEIRAS. YOUSSEF SALIM, OLIVICULTOR, BEIT JALA, 2009

O Muro que está a ser construído por Israel está agora cerca de 60 por cento concluído, com 85 por cento do seu percurso na Cisjordânia.39 Dezenas de milhares de oliveiras foram arrancadas para dar lugar à construção do Muro. Embora muitas destas árvores arrancadas tenham sido destruídas, há relatos de que milhares de oliveiras foram replantadas em Israel ou em colonatos israelitas[40].

O muro de Israel deixou mais de um décimo das terras agrícolas férteis palestinianas presas na "zona de junção" e separou muitos agricultores palestinianos dos seus meios de subsistência[41]. Estima-se que, uma vez concluída a construção do muro, cerca de 1 milhão de oliveiras (o que corresponde a 10% do total de oliveiras da Papua-Nova Guiné) ficarão presas na zona de junção[42]. [42]

O muro também cortou o acesso de muitos agricultores a fontes de água vitais para irrigar as suas culturas e assegurar a produção óptima dos olivais. Os palestinianos só têm acesso esporádico às terras presas na Zona de Fosso através de portões localizados ao longo do Muro e com a autorização ou "coordenação prévia" exigida pelas autoridades israelitas. As autorizações são notoriamente difíceis de obter, uma vez que os palestinianos são sujeitos a rigorosos controlos de segurança e têm de provar às autoridades israelitas que têm uma "ligação à terra".

Muitos palestinianos não podem provar a propriedade da terra, uma vez que as tradições consuetudinárias prevêem que a terra seja transmitida de geração em geração sem necessidade de registo formal da terra. Além disso, as autorizações são frequentemente concedidas apenas a um membro da família, enquanto a olivicultura é normalmente uma atividade que exige a participação da família alargada. Os portões de barreira são abertos com pouca frequência e por períodos de tempo limitados.

Muitos dos portões só são abertos durante a época da colheita da azeitona, o que não permite que os agricultores palestinianos acedam às suas terras para proceder à lavoura, à poda ou à fertilização essenciais das suas oliveiras. O acesso às terras agrícolas nos arredores dos colonatos é também estritamente limitado para os agricultores palestinianos, que têm de receber "coordenação prévia" da Administração Civil israelita (uma parte da administração militar), o que, mais uma vez, só é frequentemente concedido durante a época da colheita da azeitona.

Em 2004, o Tribunal Internacional de Justiça (TIJ), o principal órgão judicial das Nações Unidas, decidiu que a construção do muro por Israel nos territórios palestinianos ocupados, incluindo em Jerusalém Oriental e nas suas imediações, é contrária ao direito internacional e que Israel é obrigado a pôr termo a todas as construções, a desmantelar o muro e a reparar todos os danos causados pela construção do muro.

O TIJ assinalou em particular o impacto que o muro teve nos direitos dos agricultores palestinianos e declarou que Israel tem a obrigação de "devolver as terras, pomares, olivais e outros bens imóveis confiscados a qualquer pessoa singular ou colectiva para efeitos da construção do muro." [43]

Até à data, o Governo israelita não cumpriu a decisão do TIJ. Numa decisão histórica de 9 de setembro de 2009, o Supremo Tribunal de Justiça israelita também considerou que o traçado do Muro em partes da Cisjordânia, grande parte do qual confiscava terrenos agrícolas de primeira categoria, não estava relacionado com a segurança, mas servia, de facto, para acomodar a expansão dos colonatos[44].

Restrição do acesso aos mercados Desde o início da segunda Intifada (a revolta palestiniana contra a ocupação em 2000), as autoridades israelitas têm aplicado uma política de restrição da circulação dos palestinianos, que justificam por razões de segurança. Estas barreiras físicas, como os postos de controlo e os bloqueios de estradas, restringiram a livre circulação de pessoas e mercadorias na Cisjordânia e obstruíram o acesso dos produtos agrícolas palestinianos, incluindo as azeitonas e o azeite, aos mercados interno, israelita e internacional.

Embora Israel tenha o direito e o dever de proteger os seus

cidadãos de ataques, deve assegurar que qualquer medida que tome não tenha um impacto negativo nos direitos civis e políticos, económicos e sociais da população palestiniana.

O mercado local Em maio de 2010, o governo israelita começou a remover alguns bloqueios de estradas internas, facilitando a circulação entre as vilas e cidades da Cisjordânia e criando melhores oportunidades para os agricultores palestinianos acederem aos mercados locais. No entanto, continuam a existir numerosas barreiras.

Em junho de 2010, as Nações Unidas documentaram 504 obstáculos que impedem a circulação interna e o acesso dos palestinianos em toda a Cisjordânia[45]. Os militares israelitas também implementaram um sistema de autorizações necessário para a circulação de produtos na Cisjordânia. Os encerramentos internos tornaram o acesso aos mercados locais cada vez mais difícil e dispendioso, principalmente devido ao aumento dos atrasos e dos custos de transporte e armazenamento.

Acesso reduzido aos mercados externos Israel aplica o sistema "back to back" a todas as mercadorias transportadas para dentro ou para fora do território palestiniano. Este sistema exige que as mercadorias palestinianas passem por uma das cinco passagens comerciais israelitas situadas no caminho do Muro. Os veículos palestinianos ou os portadores de bilhetes de identidade da Cisjordânia não podem atravessar uma passagem comercial e as mercadorias têm de ser descarregadas do veículo palestiniano, sujeitas a um controlo exaustivo e, em seguida, recarregadas num veículo israelita do outro lado (back to back).

Este sistema significa que os palestinianos têm pouco controlo sobre os seus produtos quando estes saem do camião palestiniano e que os atrasos excessivos conduzem a um aumento dos custos. Os comerciantes palestinianos recorrem frequentemente a intermediários israelitas para levar os seus produtos aos mercados externos. Para passar um posto de controlo, o azeite deve ser empilhado em paletes de altura não superior a 1,6 metros e as paletes não devem ser empilhadas diretamente umas sobre as outras, deixando um espaço entre elas por razões de segurança.

Isto aumenta significativamente os custos, uma vez que os palestinianos perdem um quarto da capacidade do contentor, mas têm de pagar o mesmo custo pelo envio do contentor para o estrangeiro.46 Os camiões têm de estar abertos e o azeite é armazenado em garrafas e caixas de cartão. Por vezes, os camiões esperam 15-20 horas para atravessar um posto de controlo, o que pode afetar seriamente a qualidade do azeite devido à sua deterioração sob a luz direta do sol. É frequente as garrafas ficarem danificadas e o azeite vazar[47].

Os comerciantes têm também de pagar custos acrescidos para utilizar empilhadores para carregar e descarregar as suas mercadorias. Muito movimento pode também diminuir a qualidade do azeite, uma vez que a agitação aumenta a oxidação. EM 2009, ENVIÁMOS UM CARREGAMENTO DE AZEITE PARA A SUÍÇA. QUANDO CHEGOU, O CLIENTE QUEIXOU-SE DE QUE AS PALETES NÃO ESTAVAM CORRECTAMENTE EMBALADAS. TIVEMOS DE PAGAR MAIS DE 600 EUROS PARA VOLTAR A EMPILHAR AS PALETES. SABEMOS QUE AS PALETES FORAM

CORRECTAMENTE EMBALADAS NO NOSSO LADO, MAS NÃO TEMOS QUALQUER CONTROLO SOBRE O QUE ACONTECE QUANDO SAEM DO NOSSO CAMIÃO. TAMBÉM HOUVE PALETES QUE FORAM ABERTAS OU QUE NÃO FORAM ENCONTRADAS QUANDO CHEGARAM AO SEU DESTINO, MAS NÃO TEMOS FORMA DE SABER QUEM É O RESPONSÁVEL.

SAID JANAN, COORDENADOR DE MARKETING, EMPRESA MOUNT OF GREEN OLIVES, SETEMBRO DE 2010 Para aceder ao mercado mundial, os comerciantes da Cisjordânia têm de enviar os seus produtos para portos ou aeroportos israelitas (a opção preferível para aceder aos mercados da UE, da América do Norte e da Ásia Oriental) ou através da Jordânia (a opção preferível para aceder aos mercados do Golfo Árabe)[48].

Mais uma vez, os atrasos excessivos, o aumento dos custos de transporte, de mão de obra e de equipamento, os controlos de segurança, a falta de acesso a instalações de armazenamento adequadas e os danos ocorridos durante o manuseamento, a carga e a descarga dos produtos reduzem a competitividade dos produtos agrícolas palestinianos e introduzem elevados níveis de imprevisibilidade em termos de qualidade e de prazos de entrega. Tudo isto impede os comerciantes palestinianos de azeitona e de azeite de penetrarem nos mercados mundiais.

Não aplicação do Protocolo de Paris Em 1994, Israel e a Organização para a Libertação da Palestina (OLP) assinaram um acordo conhecido como Protocolo de Paris, no qual ambas as partes se comprometiam a cooperar em questões económicas "a fim de reforçar o seu interesse na obtenção de uma paz justa, duradoura e global".

O Protocolo de Paris visava eliminar as fronteiras económicas entre as partes e assegurar a livre circulação de pessoas e de trabalhadores, bem como de produtos agrícolas e industriais. Embora o Protocolo prometesse aos agricultores palestinianos um acesso sem restrições ao mercado agrícola israelita e facilitasse o acesso aos mercados internacionais, o encerramento e as restrições de acesso impediram, de facto, os palestinianos de beneficiarem desta oportunidade. [49]

Acesso reduzido ao mercado israelita Israel consome cerca de 6.000 toneladas de azeite e 7.000 toneladas de azeitonas de mesa a mais do que produz. [50]

Para fazer face à diferença entre a oferta e a procura, Israel importa azeitonas e azeite da Grécia, Turquia, Itália e Espanha. Antes de 2000, Israel importava cerca de 5-6 000 toneladas de azeite por ano de produtores palestinianos[51]. [51]

Desde então, algum azeite tem continuado a chegar a Israel de forma não oficial, mas a construção do muro, com início em 2002, restringiu ainda mais o acesso dos produtos palestinianos aos mercados israelitas. Apesar disso, os comerciantes palestinianos que são cidadãos de Israel compram azeite a granel diretamente aos agricultores e lagares da Cisjordânia para venda no mercado israelita. As quantidades são difíceis de aproximar devido à falta de recibos, facturas ou estatísticas que acompanhem estas transacções. O Ministério da Agricultura palestiniano estima que cerca de 20,74 toneladas de azeite palestiniano chegaram ao mercado israelita em 2008 (um por cento das exportações). [52]

No entanto, numerosos peritos consideram que Israel continua a ser um mercado importante para o azeite palestiniano. Devido à sua proximidade e aos estreitos laços comerciais, o mercado israelita continua a ser o mercado externo mais rentável para os produtores palestinianos. O bloqueio de Gaza Dada a reduzida extensão da cultura da oliveira na Faixa de Gaza, o mercado de Gaza costumava consumir uma grande parte do azeite da Cisjordânia. O bloqueio imposto por Israel à Faixa de Gaza afectou consideravelmente a importação de azeitonas e de azeite da Cisjordânia.

Foi noticiado que houve uma diminuição das azeitonas e do azeite no mercado de Gaza; um aumento do azeite que chega de Espanha, da Síria e do Egipto através dos túneis (incluindo azeite cujo preço foi reduzido por ter atingido a data de validade); um aumento dos preços e a falta de capacidade de muitos habitantes de Gaza para suportar o custo do azeite devido à situação económica deprimida que os obriga a alterar os padrões de consumo e a comprar outras formas de azeite mais barato. Houve também relatos de que o azeite era frequentemente adulterado e misturado com óleo de milho para reduzir o preço[53]. [53]

Assegurar um mercado local estável O mercado local é o principal consumidor de azeite palestiniano, com uma média de 12.000 toneladas por ano. Um mercado interno forte é essencial para garantir a estabilidade do sector agrícola e reduzir a dependência de mercados alimentares mundiais imprevisíveis.

As azeitonas e o azeite são uma parte predominante da cultura culinária palestiniana. No entanto, o consumo per capita de azeite diminuiu nos últimos 25 anos, passando de cerca de 10 kg por ano para 4 kg por ano, embora o consumo seja mais elevado nas regiões produtoras de azeite. [54]

Esta diminuição do consumo foi acompanhada por um aumento da utilização de outros óleos vegetais importados, como o óleo de milho e de girassol, em parte devido a considerações de preço.

Cerca de 80% dos agregados familiares compram azeite, geralmente diretamente a lagares, agricultores e grossistas, enquanto 20% são totalmente auto-suficientes e obtêm o seu azeite nos seus próprios pomares e na família alargada. [55]

Os agregados familiares que não são auto-suficientes na produção de azeite compram-no tradicionalmente a granel, uma vez por ano, em latas de 16 kg ou em recipientes de plástico[56]. [56] A compra a granel é cada vez mais incomportável para muitas famílias, devido ao baixo poder de compra e ao aumento dos preços do azeite devido às más colheitas. Um inquérito aos consumidores realizado pelo parceiro da Oxfam, o Palestinian Agricultural Relief Committee (PARC), revelou que 85% dos inquiridos preferiam comprar em pequenas garrafas de um litro por 35 ILS/litro (9 dólares), durante todo o ano.

Posteriormente, a PARC iniciou uma estratégia para aumentar a produção de pequenas garrafas de azeite (250 ml - 3 litros) para armazenar nos retalhistas do mercado local. Em 2009, a PARC registou um aumento de 800% nas vendas de pequenas garrafas no mercado local em comparação com 2008[57]. [57]

A PARC acompanhou a sua produção de pequenas garrafas com

uma ação de marketing em que o azeite palestiniano foi promovido através da televisão, jornais e rádio locais, aumentando a sensibilização local para a forma como o azeite é produzido na Palestina e para os benefícios para a saúde do consumo de azeite. A colheita extremamente fraca de 2009 levou à importação de azeite da Turquia, da Síria e da Jordânia para a Cisjordânia. Contudo, vários peritos manifestaram a sua preocupação com o facto de o azeite estrangeiro chegar ilegalmente ao mercado a preços mais baixos, causando uma concorrência desleal aos produtores locais. Embora a AP disponha de um bom sistema de rastreio das importações provenientes oficialmente do estrangeiro, tem pouco controlo sobre o que é contrabandeado para o mercado local através de Israel. Em 2009, o Ministério da Agricultura e os funcionários aduaneiros palestinianos destruíram cerca de 1 000 toneladas de azeite estrangeiro que entrou ilegalmente no mercado local através de Israel[58]. [58]

Verificou-se ainda que parte deste azeite era de muito má qualidade e impróprio para consumo humano. A fim de proteger os produtores locais, é essencial que a AP melhore o controlo e a regulamentação dos produtos que entram no TPO, impondo simultaneamente uma regulamentação rigorosa em matéria de rotulagem do azeite produzido localmente.

Apesar da má campanha do ano passado, há normalmente um excedente de azeite para além do consumo interno. Em 2006, restaram 21 000 toneladas de azeite depois de satisfeitas as necessidades do mercado interno. A melhoria da produção, do armazenamento e da comercialização poderia abrir o potencial do mercado mundial para os olivicultores palestinianos e gerar divisas para a economia palestiniana. Existe um número limitado de fábricas de engarrafamento na Papua-Nova Guiné, sendo a maior parte do enchimento efectuada diretamente na prensa, em tambores metálicos, o que satisfaz as exigências do mercado local e dos mercados de exportação tradicionais (Israel e países árabes), mas não as dos mercados europeus ou norte-americanos.

Existem nove empresas que exportam azeite, quatro das quais especializadas em comércio equitativo (Canaan Fair Trade Company, Taybeh, AlReef Real Estate Company e Mount of Green Olives). Apenas três das nove empresas dispõem de equipamento de engarrafamento muito avançado: Anabtawi, uma empresa do sector privado, Al-Reef, o braço comercial da PARC e Canaã. A maioria dos comerciantes de azeite são comerciantes tradicionais ou grossistas que se concentram no mercado local e têm pouca experiência no desenvolvimento de embalagens sofisticadas ou de métodos de distribuição necessários para aceder aos mercados externos[59].

Os mercados de exportação de alto nível exigem uma rotulagem adequada do produto, como a data e o local de produção, e os consumidores confiam em marcas em que confiam pela sua qualidade, bem como em certificações que lhes são familiares (comércio equitativo, produtos biológicos). Num inquérito a 22 agrupamentos de produtores, os inquiridos identificaram a falta de competências de comercialização adequadas como o maior obstáculo que o sector do azeite enfrenta[60]. As mulheres, em especial, não dispõem de competências de comercialização, como conhecimentos sobre estudos de mercado, mecanismos de fixação de preços ou capacidade de negociação com os comerciantes. Além disso, carecem de relações com os agentes de comercialização e de conhecimentos sobre os agentes económicos.

No entanto, há mercados que as mulheres podem controlar, como o da produção de tapenade. O desenvolvimento das capacidades das mulheres em áreas como a promoção e a comercialização poderia também facilitar a sua participação mais ativa em cooperativas mistas, especialmente porque o nível de educação das mulheres rurais na Papua-Nova Guiné é elevado. Alargamento do acesso aos mercados internacionais Israel e Gaza continuam a ser os principais mercados dos olivicultores da Cisjordânia, embora não se conheça a quantidade exacta de azeite que chega a estes mercados. O azeite palestiniano é atualmente exportado para os países do Golfo, a Europa, a América do Norte e a Ásia Oriental.

Em 2008, foram exportadas da Papua-Nova Guiné 2 352 toneladas de azeite (cerca de 13% da produção) e 787 toneladas de azeitonas em conserva. [61, 62]

A OLP assinou uma série de acordos comerciais com parceiros como a União Europeia, os EUA, o Canadá, a Turquia e os Estados árabes, que concedem um acesso preferencial a determinados produtos palestinianos. O mais importante destes acordos para o sector da azeitona é o Acordo de Associação entre a Comunidade Europeia e a Organização de Libertação da Palestina, em nome da AP, que entrou em vigor em 1997. Este acordo permitiu aos palestinianos exportar 3 000 toneladas de azeite para a UE com isenção de direitos aduaneiros (embora os palestinianos nunca tenham atingido esta quantidade).

A partir de 2011, esta quota será suprimida e todos os produtos agrícolas palestinianos poderão aceder ao mercado da UE sem pagar direitos aduaneiros.

A mosca da azeitona, Bactrocera oleae

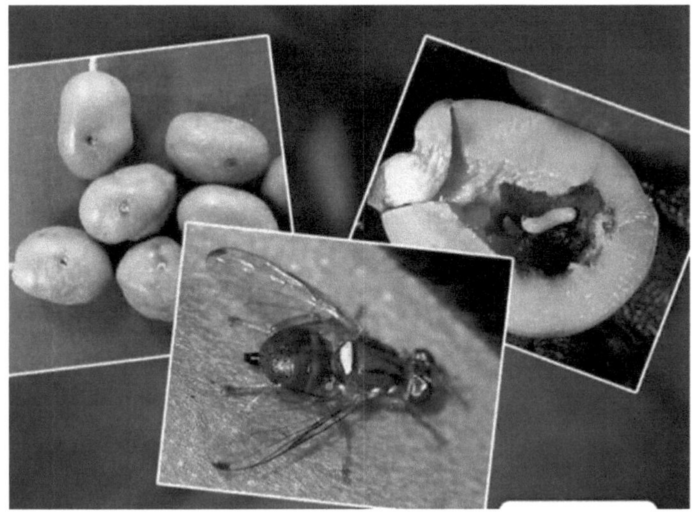

A mosca da azeitona, *Bactrocera oleae* (Rossi) (Diptera: Tephritidae), é a principal praga da azeitona comercial em todo o mundo. São destacados vários aspectos da sua biologia, ecologia, gestão e impacto na produção de azeitona. Com a descoberta de resistência a insecticidas em algumas populações frequentemente tratadas com organofosforados, estão a ser investigadas antigas e novas opções de controlo.

Examina-se o potencial do controlo biológico. Os estudos sugerem que um pequeno grupo de braconídeos da subfamília Opiinae é o que melhor representa os principais parasitóides que atacam a mosca da azeitona na sua área de distribuição nativa. Estas espécies incluem *Psyttalia Iounsburyi, P. dacicida, P. concolor, P. ponerophaga* e *Utetes africanus. O Bracon celer,* outro braconídeo mas da subfamília

Braconinae, é também criado a partir da mosca da fruta na sua área de distribuição nativa.

O potencial destes e de outros inimigos naturais é discutido em relação à biologia da mosca da azeitona, à produção comercial de azeitona e às restrições biológicas que podem limitar o seu sucesso. Sugerimos que existem numerosas espécies que devem ser investigadas como agentes de controlo da mosca da azeitona nos muitos regimes climáticos em que a praga se encontra.

A mosca da azeitona, Bactrocera oleae (Rossi), é um dos insectos mais prejudiciais para a azeitona em todo o mundo, exigindo a utilização de insecticidas para a proteção dos frutos em muitos pomares. As moscas da oliveira são atraídas por compostos voláteis, incluindo uma feromona produzida por uma fêmea e voláteis bacterianos e da planta hospedeira. Foram realizados bioensaios laboratoriais preliminares para determinar a atração da mosca da azeitona por mais de 130 estirpes de leveduras de entre 400 que foram isoladas de adultos e larvas de B. oleae ou de outros insectos, azeitonas infestadas e potenciais locais de alimentação. Kuraishia capsulata, Scheffersomyces ergatensis, Peterozyma xylosa, Wickerhamomyces subpelliculosus e Lachancea thermotolerans pareceram atrair a B. oleae tão bem ou melhor do que os granulados de levedura torula (Cyberlindnera jadinii; syn. Candida utilis).

Os compostos voláteis emitidos por estas estirpes de leveduras foram identificados quimicamente e incluíam o isobutanol, o álcool isoamílico, o álcool 2-fenílico, o acetato de isobutilo e o acetato de 2-

fenilo. A resposta comportamental dos adultos de B. oleae a estes compostos voláteis em três concentrações foi testada num olfatómetro de laboratório em tubo Y.

Os mesmos compostos voláteis foram também testados no campo. O álcool isoamílico foi mais atrativo do que os outros compostos testados nos bioensaios de laboratório e de campo. O isobutanol não foi atrativo para a B. oleae nem no bioensaio de laboratório nem no bioensaio de campo. A identificação de voláteis de leveduras atractivos para a mosca da azeitona pode levar ao desenvolvimento de um isco mais eficaz para a deteção, monitorização e, possivelmente, controlo de B. oleae.

A mosca da azeitona (em latim: Bactrocera oleae) e antigamente (em latim: Dacus oleae) é a primeira praga da cultura da oliveira nos países mediterrânicos, causando enormes perdas económicas, especialmente quando o seu controlo é negligenciado. Frutos da oliveira.

O inseto infecta a maior parte das variedades de azeitona em todas as zonas de cultivo, mas prefere geralmente as variedades com frutos grandes e, dentro da mesma variedade, as árvores com frutos maiores (seja devido à diferença de maturidade ou à diferença de carga na árvore). Felizmente, a imagem é boa para o carro.

A Bactrocera oleae, a mosca da azeitona, é reconhecida como o inimigo mais importante da oliveira nas zonas de cultivo.
Em épocas de exacerbação do ataque, os danos que produz, quantitativos e qualitativos, podem atingir até 50% da produção de óleo e de frutos, e o seu tratamento contribui significativamente para o

aumento do custo da cultura.

As injúrias da *Bactrocera oleae* são particularmente intensas nos olivais que confinam com oliveiras selvagens ou naqueles em que as azeitonas permanecem nas árvores durante o inverno.

A mosca da azeitona, *Bactrocera oleae,* (Rossi) (Diptera: Tephritidae) é a praga mais nociva em todas as regiões olivícolas [63-66] e a sua presença tem um efeito negativo em toda a cadeia de produção da azeitona [67].

Bactrocera oleae é um monófago que se alimenta exclusivamente de frutos de oliveira do género Olea, incluindo *Olea europaea* L., *O. verrucosa* Willd. e *O. chrysophylla* Lam. [68]. As moscas fêmeas põem os seus ovos nos frutos de azeitona, enquanto as larvas se alimentam da polpa [65,68], causando perdas de frutos até 15% [69].

Collier e Van Steenwyk [8] assinalam que pode ocorrer uma perda total de rendimento em épocas com uma população elevada de mosca da azeitona.

Durante anos, a utilização de pesticidas foi o principal método de controlo de *B. oleae* [71,72].

Trata-se de um método eficaz, que proporciona rendimentos aos olivicultores, mas que também afecta negativamente o ambiente, os organismos benéficos e as azeitonas [69], se utilizado com frequência. Este facto é evidente através dos resíduos de pesticidas que foram detectados no azeite, nos frutos da oliveira e nas zonas de cultivo [71,73-75], causando perturbações da biodiversidade [76] e resistência aos insecticidas [71,77].

Por conseguinte, a União Europeia está a tentar reduzir a utilização de pesticidas em 50% até 2030 e em 100% até 2050 [64]. Por esta razão, a aplicação e a melhoria de métodos de controlo não pesticidas que não tenham um efeito negativo no ambiente ou na biodiversidade, como os biotécnicos, têm um papel importante na proteção da azeitona.

Muitos investigadores referiram que a mosca da azeitona é atraída por produtos semioquímicos [78], voláteis da planta hospedeira [79-82], voláteis microbianos [83-86] e voláteis de leveduras [87].

Assim sendo, a parte essencial dos métodos biotécnicos de monitorização e/ou controlo da mosca da azeitona deve ser a implementação da sua utilização como atrativo.

Os semioquímicos, tais como as feromonas, já são utilizados em vários métodos de controlo de pragas, tais como "atrair e matar", armadilhas em massa, técnicas de insectos estéreis (SIT), perturbação do acasalamento e monitorização [88], enquanto que os compostos sintéticos voláteis de plantas, micróbios ou leveduras, como novas formulações de atractivos, não o são. As feromonas eram normalmente utilizadas para um sexo específico [89], ao passo que os compostos voláteis de leveduras, como atractivos, podem ser mais bem sucedidos porque são visados ambos os sexos e todas as idades [87,90].

Estudos recentes confirmaram muitas interacções entre leveduras e insectos [9195], enquanto que alguns deles salientam que é necessária uma melhor compreensão da interação entre leveduras e tefritídeos, o que poderia levar ao desenvolvimento de novos atractivos para os insectos [91,96]. Interacções entre *B. oleae* e formulações activas ou inactivas de leveduras associadas a azeitonas infestadas, mosca da azeitona e outros insectos foram relatadas por Vitanovic et al. [97].

Durante a investigação, os autores também notaram que os odores de algumas leveduras testadas eram altamente atractivos para os crisopídeos verdes, capturando um grande número deles.

Os crisopídeos verdes (Chrysopidae sp., Neuroptera) são um dos insectos benéficos mais importantes nos olivais [98], como predadores de pragas da oliveira, como *Prays oleae* [98], *Euphyllura olivina* [100,101] e *Saissetia oleae* [98,101]. Outros insectos predadores, bem como grupos de parasitóides, desempenham também um papel importante nos olivais, como insectos benéficos [103].

Por conseguinte, muitos investigadores estão preocupados porque um elevado número de insectos benéficos está a ser capturado em diferentes tipos de armadilhas utilizadas [68,69 ,97,104,109].

A formulação ativa da estirpe de levedura *Lachancea thermotolerans*, isolada de *B. oleae* adulta, foi a mais atractiva para as moscas da azeitona e para os crisopídeos verdes no pomar de oliveiras entre as 12 estirpes de levedura testadas.

A análise HE-SPME-GC/MS mostrou que *L. thermotolerans* produziu um perfil único e repetível de voláteis, consistindo em álcool isoamílico, álcool 2-fenetílico, acetato de isobutilo e acetato de 2-fenetílico, que foram os compostos mais abundantes encontrados [97].

Estes compostos voláteis de leveduras associados à mosca da azeitona (OFF) foram individualmente atractivos para a mosca da azeitona, tanto em laboratório como no campo [98]. Foi o primeiro relato de que os voláteis de leveduras, isolados de frutos de oliveira infestados ou produzidos por leveduras associadas a *B. oleae* ou a outros insectos, atraíram adultos de mosca da azeitona. Além disso, os autores relataram que algumas combinações destes voláteis, em armadilhas amarelas pegajosas (YS), capturaram mais moscas da azeitona em comparação com armadilhas de controlo em pomares de oliveiras.

Classificação

Bactrocera oleae Adulto - © Biblioteca de Imagens de Pragas e Doenças, Bugwood.org

***Bactrocera oleae* (mosca da azeitona) - Classificação**

Reino: Animália

Filo: Arthropoda

Subfilo: Hexapoda

Classe: Insectos

Infraclasse: Neoptera

Subclasse: Pterygota

Ordem: Dípteros

Subordem: Brachycera

Infra-ordem: Acalyptratae

Superfamília: Tephritoidea

Família: Tephritidae

Subfamília: Dacinae

Tribo: Dacini

Género: Bactrocera

Assunto: Bactrocera oleae (Rossi, 1790) (syn. *Dacus oleae* Gmel)

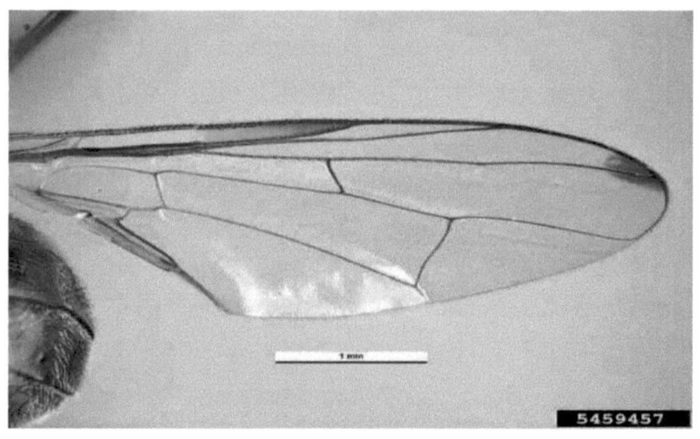

As asas da mosca da azeitona - © Biblioteca de Imagens de Pragas e Doenças, Bugwood.org

Bactrocera oleae (mosca da azeitona) - Morfologia

Ovo:

Elipsoide, alongado, de cor branca brilhante a branco-creme, com 0,81 mm de comprimento e cerca de 0,2 mm de diâmetro.

Larvas:

Comprido, branco ou branco-creme, sem cabeça e sem patas, com a parte posterior mais larga do que a anterior, enquanto o comprimento é de até 7-8 mm e 1,2-1,7 mm de diâmetro.

Pupa:

Cilíndrico-elipsoidal, inicialmente de cor branca e depois amarela acastanhada, com 4-5 mm de comprimento e cerca de 2 mm de diâmetro.

Adulto

Tem 4-5 mm de comprimento, cabeça amarelada, olhos verdes complexos e iridescentes. O peito é amarelo-acastanhado e preta a sua parte dorsal, que tem quatro faixas cinzentas, enquanto o abdómen é de cor castanha escura com manchas avermelhadas. As asas de 4,3-5,2 mm são transparentes, no topo das quais é visível uma mancha de cor preta. Na fêmea, o ovário tem 1 mm de comprimento e a parte principal é preta.

Mosca da azeitona adulta com asas - © Pest and Diseases Image Library, Bugwood.org

***Bactrocera oleae* (mosca da azeitona) - Biologia e Ecologia**
Gerações por ano: 2-5
Ciclo biológico:

Ovos, larvas, pupas e adulto são as quatro fases que a *Bactrocera oleae* atravessa para completar o seu ciclo de vida. A sua duração depende das condições, estação do ano e temperaturas e dura entre 21 e 100 dias. Após o acasalamento, a fêmea, utilizando o ovipositor, abre pequenos orifícios e insere 1 ovo por posição e por fruto.

Com a eclosão dos ovos, saem as larvas jovens, que se alimentam dos frutos internamente, abrindo galerias. Após três estádios larvares, são pupadas no verão no mesmo fruto da oliveira, enquanto no outono a ninfa é levada para fora a alguns centímetros da superfície do solo.

A uma temperatura média de 24-26 °C (76-79 °F), os adultos emergem dentro de 20 a 34 dias.

Invernada:

Como pupa no solo e a uma profundidade de 1-6 cm ou como adulto em locais abrigados e em invernos amenos.

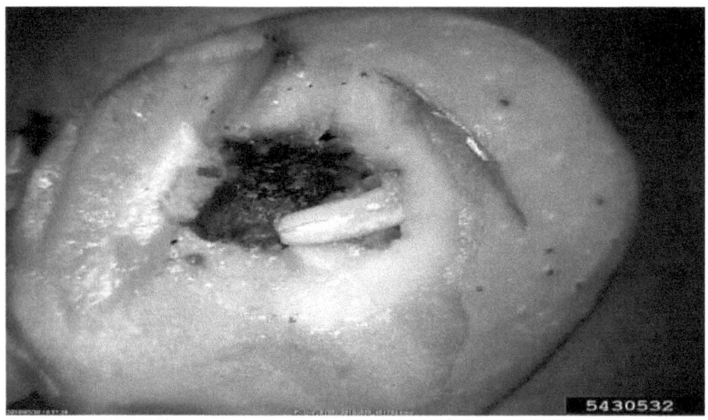

Larva da mosca da azeitona no fruto da azeitona - © Lorraine Graney, Bartlett Tree Experts, Bugwood.org

Bactrocera oleae **(mosca da azeitona) - Sintomas e danos**

Geral:

Pequenas manchas triangulares nas áreas afectadas do fruto,

geralmente uma por fruto no verão, enquanto no outono, e especialmente em períodos de produção limitada de óleo ou sob altas densidades populacionais, podem existir mais. As galerias de larvas em frutos não maduros podem ser vistas externamente como manchas escuras de óleo. Os fungos patogénicos podem entrar nos orifícios de oviposição, nomeadamente o *Macrophoma dalmatica,* portador do fungo *Prolasioptera berlesiana*, que causa doenças tanto na azeitona verde como na madura. Por último, as larvas abrem um orifício redondo no fruto da oliveira, que é coberto apenas pelo tegumento, para facilitar a mosca dos adultos.

Danos no fruto da oliveira

Mosca - © Lorraine Graney, Bartlett Tree Experts, Bugwood.org

Bactrocera oleae - Hospedeiros

Azeitona
- *Olea europaea*
- *Olea europaea ssp. sativa*
- *Olea europaea* ssp. *oleaster*
- Olea europaea ssp. *Sylvestris*

Danos na oliveira devido à infestação da mosca da azeitona - ©
Mourad Louadfel, Bugwood.org

As larvas da mosca da azeitona alimentam-se apenas dos frutos das oliveiras selvagens e cultivadas *(Olea* spp.).

As espécies silvestres susceptíveis incluem a *Olea verrucosa, a Olea chrysophylla* e a *Olea europaea,* esta última encontrada tanto em pomares cultivados como na natureza.

As moscas fêmeas mostraram preferência na oviposição por espécies maiores de azeitona de mesa

Bactrocera oleae **(mosca da azeitona) - Distribuição geográfica**

África

Argélia, Angola, Egipto, Eritreia, Etiópia, Quénia, Líbia e Maurícia, Marrocos, Reunião, Seicheles, África do Sul, Sudão e Tunísia.

Ásia

Arménia, Azerbaijão, Chipre, Geórgia, Índia, Irão, Israel e Jordânia, Líbano, Paquistão, Arábia Saudita, Síria e Turquia.

Europa

Albânia, Ilhas Canárias, Córsega, Croácia, França, Grécia, Itália, Portugal, Sérvia, Eslovénia, Rússia do Sul, Sardenha, Sicília, Eslovénia, Espanha, Suíça.

América Central

México.

América do Norte

EUA (Califórnia).

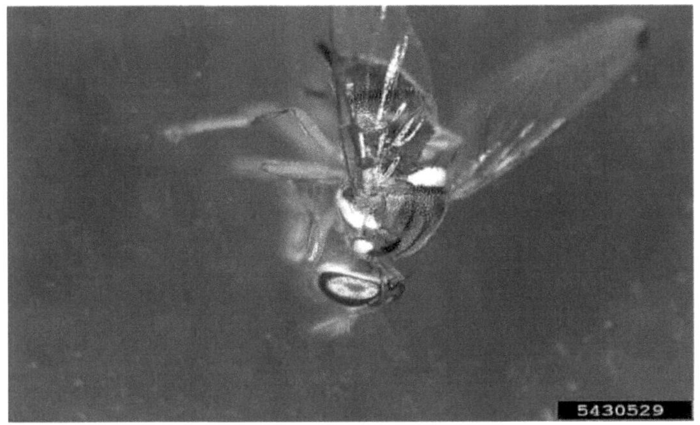

Adulto da mosca da azeitona em que se distinguem os olhos irritáveis - © Lorraine Graney, Bartlett Tree Experts, Bugwood.org

Adulto da mosca da azeitona do lado dorsal - © Pest and Diseases Image Library, Bugwood.org

Atração de Bactrocera Oleae e de crisopídeos verdes por três Misturas de compostos voláteis de leveduras associadas ao OFF em olivais

Durante a investigação, do início de julho até o final de outubro de 2018, 5961 adultos de mosca da azeitona foram capturados em armadilhas YS contendo três misturas de compostos voláteis de levedura associados ao OFF, entre os quais foi observada uma diferença significativa $(p = 0,002)$.

Número total de *Bactrocera oleae* e de crisopídeos capturados em armadilhas amarelas pegajosas (YS) contendo três misturas de compostos voláteis de leveduras associadas à mosca da azeitona num olival. As misturas de compostos voláteis foram as seguintes (Mistura 1) 1:1 de álcool isoamílico e álcool 2-fenílico; (Mistura 2) 1:1:1 de álcool isoamílico, álcool 2-fenílico e acetato de 2-fenilo; (Mistura 3) 1:1:1 de álcool isoamílico, acetato de 2-fenilo e acetato de isobutilo; e (Controlo) armadilhas de controlo contendo apenas hexano. As barras marcadas com letras maiúsculas diferentes indicam diferenças significativas entre as armadilhas YS testadas para a mosca da azeitona, enquanto as barras marcadas com letras minúsculas diferentes indicam diferenças significativas entre as armadilhas YS testadas para os crisopídeos verdes; (teste LSD *atp* $\leq 0,05$).

Estes resultados apoiam a hipótese de que *B. oleae* responde a compostos voláteis produzidos por leveduras associadas à mosca da azeitona, no campo. Resultados semelhantes foram obtidos por Vitanovic et al. [**86**].

O seu estudo centrou-se no comportamento da mosca da azeitona quando exposta a compostos voláteis de levedura associados à azeitona, à mosca da azeitona e a outros insectos, tanto no laboratório como no campo. A mosca da azeitona atrai algumas misturas de compostos voláteis de leveduras em olivais. Essas misturas tiveram uma influência diferente no comportamento da mosca da azeitona, o que significa que algumas delas não eram atractivas para as moscas [87].

As respostas de outras moscas-das-frutas tefritídeas a compostos voláteis de leveduras também foram relatadas [91,108].

As armadilhas amarelas pegajosas contendo uma mistura volátil de álcool isoamílico, acetato de 2-fenetilo e acetato de isobutilo foram as mais eficazes na captura de adultos de *B. oleae* (2517), seguidas de armadilhas YS que continham uma mistura volátil de álcool isoamílico, álcool 2-fenetilo e acetato de 2-fenetilo (2118) e armadilhas YS contendo uma mistura de álcool isoamílico e álcool 2-fenetilo (1326).

Estes resultados não eram esperados porque um estudo recente confirmou que *B. oleae* era mais atraída por armadilhas YS contendo misturas de três álcoois do que por armadilhas YS que continham uma mistura binária de voláteis de álcool e éster [87]. Todas as misturas de voláteis de leveduras associadas ao OFF testadas na nossa investigação capturaram um número significativamente maior de moscas da azeitona do que as armadilhas de controlo.

Pelo contrário, os resultados [87] mostraram que uma das misturas investigadas de voláteis de levedura associados ao OFF (álcool isoamílico, álcool 2-fenetílico, acetato 2-fenetílico, acetato isobutílico e isobutanol) não foi significativamente diferente em comparação com as armadilhas de controlo. No nosso estudo, as armadilhas YS que continham uma mistura volátil de álcool isoamílico, acetato de 2-fenetilo e acetato de isobutilo (1258,50 ± 23,33; p = 0,001) e as armadilhas YS que continham uma mistura de álcool isoamílico, álcool 2-fenetilo e acetato de 2-fenetilo (1032.00 ± 35,36; p = 0,002) foram significativamente mais atraentes para a mosca da azeitona do que as armadilhas YS que continham uma mistura de álcool isoamílico e álcool 2-fenílico (710 ± 98,99; p = 0,036) ou as armadilhas YS que continham hexano como controlo.

Além disso, as armadilhas YS que continham uma mistura binária de álcool isoamílico e álcool 2-fenílico (710 ± 98,99; p = 0,036) capturaram um número significativamente maior de moscas do que as armadilhas de controlo. Os resultados também mostram que as armadilhas YS que continham uma mistura volátil de álcool isoamílico, acetato de 2-fenetilo e acetato de isobutilo (1258,50 ± 23,33) não diferiram significativamente nas capturas de *B. oleae* em comparação com as armadilhas YS que continham uma mistura de álcool isoamílico, álcool 2-fenetilo e acetato de 2-fenetilo (1032,00 ± 35,36; p = 0,059).

A atividade das armadilhas YS contendo todas as misturas testadas, em comparação com o controlo, era esperada porque o álcool isoamílico e o acetato de 2-fenetilo foram os compostos voláteis mais atractivos para a mosca da azeitona, tanto em laboratório como no campo, assim como o acetato de isobutilo, mas apenas no campo [86]. Além disso, alguns investigadores confirmaram o álcool isoamílico como um composto volátil da planta da oliveira, identificando-o nas folhas [108] ou nos frutos [63] e, como é bem conhecido, os voláteis das plantas hospedeiras são atractivos para *B. oleae* [63,79-81].

Davis et al. [106] afirmam que o álcool isoamílico também era atrativo para muitos dos dípteros que foram capturados durante a sua investigação. No entanto, sabe-se que os álcoois e ésteres são emitidos por frutos maduros ou em fermentação [91,110] e os nossos resultados podem estar relacionados com esse facto. Davis e Landolt [110] também afirmam que algumas das moscas da fruta, como a mosca da fruta de Queensland *(Bactrocera tryoni,* Froggatt) e a mosca da fruta mexicana *(Anastrepha ludens,* Loew) respondem aos álcoois e ésteres como atrativo alimentar. No entanto, todos os factos acima referidos podem ser a razão pela qual, na nossa investigação, as armadilhas YS que continham duas misturas de álcoois e ésteres foram significativamente mais atraentes para a mosca da azeitona do que as armadilhas YS que continham apenas misturas de álcoois.

Os resultados da captura de crisopídeos verdes (Neuroptera: Chrysopidae) nas mesmas armadilhas YS contendo diferentes misturas testadas de voláteis de levedura associados a OFF. Durante a investigação, foram capturados 438 crisopídeos verdes.

Foram também testadas as diferenças de atratividade das armadilhas YS que continham três misturas de compostos voláteis de leveduras associadas ao OFF para os crisopídeos verdes. Não houve diferença significativa na atração dos crisopídeos verdes entre as armadilhas YS que continham as diferentes misturas testadas. Além disso, não houve diferença significativa na captura de crisopídeos verdes entre as armadilhas YS que continham as misturas testadas em comparação com as armadilhas YS de controlo ($p = 0,961$).

O mutualismo entre leveduras e crisopídeos foi confirmado há muito tempo [111], mas a relação entre eles ainda não é compreendida [112]. De acordo com a descoberta anterior de que algumas das estirpes de leveduras associadas a azeitonas, moscas da azeitona ou outros insectos eram atractivas para os crisopídeos verdes [97,113], decidimos investigar se as armadilhas YS contendo compostos voláteis de leveduras associadas a OFF seriam também atractivas para eles.

Os resultados do nosso estudo são promissores porque as moscas da azeitona foram altamente atraídas por armadilhas YS contendo diferentes misturas de compostos voláteis de leveduras associadas ao OFF, enquanto os crisopídeos verdes não o foram. Como já foi mencionado, muitas espécies de crisopídeos são insectos benéficos, especialmente nos pomares de oliveira [97-99,102,113].

A implementação de novos atractivos que possam ser altamente atraentes para as pragas-alvo e não perturbem a sua biodiversidade seria de grande importância para a proteção da azeitona.

A dinâmica populacional (a) e o FTD (b) de *B. oleae* para cada uma das armadilhas YS testadas contendo misturas de compostos voláteis de levedura associados ao OFF durante a investigação, onde se observam claramente voos de adultos de três gerações de mosca da azeitona.

Dinâmica da população de *Bactrocera oleae* para três misturas testadas de compostos voláteis de levedura associados à mosca da azeitona (OFF) e controlo, num pomar de oliveiras durante a investigação.

As misturas de compostos voláteis de leveduras associadas ao OFF foram fixadas em armadilhas amarelas pegajosas (YS) da seguinte forma: (Mistura 1) 1:1 de álcool isoamílico e álcool 2-fenílico; (Mistura

2) 1:1:1 de álcool isoamílico, álcool 2-fenílico e acetato 2-fenílico; (Mistura 3) 1:1:1 de álcool isoamílico, acetato 2-fenílico e acetato isobutílico; e (Controlo) armadilhas de controlo contendo apenas hexano.

As letras maiúsculas diferentes indicam diferenças significativas (teste LSD a $p \leq 0,05$) entre as armadilhas testadas separadamente para o voo de adultos de cada geração de *Bactrocera oleae* (voo de adultos da 1ª geração-primeira; 2ª geração-segunda; 3ª geração-terceira); (**b**) Variação do FTD (moscas por armadilha por dia) entre os voos de adultos de três gerações de *Bactrocera oleae* (1ª-3ª) em relação às armadilhas YS contendo diferentes misturas de compostos voláteis de levedura associados ao OFF e ao controlo, no pomar de oliveiras durante a investigação.

As misturas de compostos voláteis de leveduras associadas ao OFF foram penduradas em armadilhas amarelas pegajosas da seguinte forma: (Mistura 1) 1:1 de álcool isoamílico e álcool 2-fenílico; (Mistura 2) 1:1:1 de álcool isoamílico, álcool 2-fenílico e acetato 2-fenílico; (Mistura 3) 1:1:1 de álcool isoamílico, acetato 2-fenílico e acetato isobutílico; e (Controlo) armadilhas de controlo contendo apenas hexano.

Nesta parte da região mediterrânica, a *B. oleae* desenvolve normalmente três gerações, mas em anos com condições climáticas favoráveis ao seu desenvolvimento, pode desenvolver quatro gerações [**115,116**]. Durante a investigação, para cada geração da mosca da azeitona, foram encontradas diferenças significativas na atração das moscas pelas armadilhas YS contendo as misturas testadas.

As maiores diferenças foram registadas durante a segunda geração de voo dos adultos de *B. oleae*. As armadilhas amarelas pegajosas que continham uma mistura volátil de álcool isoamílico, acetato de 2-fenetilo e acetato de isobutilo (321 ± 35,36) e as armadilhas YS que continham uma mistura de álcool isoamílico, álcool 2-fenetilo e acetato de 2-fenetilo (314.5 ± 28,99) capturaram significativamente mais moscas da azeitona do que as armadilhas YS que continham uma mistura de álcool isoamílico e álcool 2-fenílico (142,5 ± 95,46; $p = 0,045$ e $p = 0,049$, respetivamente) e as armadilhas de controlo. Estes resultados podem estar relacionados com as temperaturas, porque durante o voo da 2ª geração, os valores da temperatura média estavam na gama óptima (24,2 °C-27,8 °C) para a reprodução, voo e desenvolvimento da mosca da azeitona [107].

Entre as armadilhas YS que continham uma mistura de álcool isoamílico, acetato de 2-fenetilo e acetato de isobutilo (321 ± 35,36) e as armadilhas YS que continham uma mistura de álcool isoamílico, álcool 2-fenetilo e acetato de 2-fenetilo (314,5 ± 28.99), não se verificou qualquer diferença na atração de *B. oleae* $(p = 0,939)$, bem como entre as armadilhas YS que continham uma mistura de álcool isoamílico e álcool 2-fenílico e as armadilhas YS que continham hexano (142,50 ± 95,46 e 118,50 ± 19,09, respetivamente; $p = 0,764$).

Observando a dinâmica populacional da 1ª e da 3ª geração, as armadilhas YS contendo álcool isoamílico, acetato de 2-fenetilo e acetato de isobutilo foram significativamente mais atractivas para a *B. oleae* em comparação com as armadilhas de controlo $(p = 0,034$ e $p = 0,028$, respetivamente). As outras duas misturas testadas não diferiram na captura da mosca da azeitona em comparação com as armadilhas de controlo. Os resultados na mesma figura também mostram que, durante as duas gerações mencionadas, as armadilhas YS contendo diferentes misturas de compostos voláteis de leveduras associadas ao OFF não diferiram significativamente nas capturas de *B. oleae*.

O FDT durante o inquérito. A taxa de alteração da população foi estável em cada uma das gerações, mas variou muito entre elas para todas as armadilhas testadas. Em geral, os valores de FTD para cada uma das armadilhas YS testadas diminuíram ao longo das gerações, atingindo o seu valor mais elevado na 3ª geração, para cada uma das misturas testadas, bem como para o hexano.

Os valores de FTD para cada uma das armadilhas YS testadas diminuíram com o aumento da temperatura e com a diminuição da humidade relativa no pomar de oliveiras.

3.2. Influência dos parâmetros climáticos na abundância de Bactrocera Oleae e de crisopídeos verdes capturados em armadilhas YS contendo diferentes misturas de compostos voláteis de leveduras associadas ao OFF

A atratividade das armadilhas YS contendo as misturas testadas, tanto para *B. oleae* como para o crisopídeo verde, foi influenciada pelos parâmetros climáticos.

Os parâmetros climáticos diferiram entre as diferentes gerações da mosca da azeitona.

A Bactrocera oleae é sensível a temperaturas elevadas, o que significa que uma temperatura superior a 31 °C provoca a mortalidade de todas as fases de desenvolvimento da praga [107]. Além disso, a atividade da mosca da azeitona diminui abaixo de 23 °C e pára completamente a 17 °C. Observando os valores médios de todos os parâmetros climáticos entre três gerações de *B. oleae,* verificou-se que os valores mais baixos e mais altos foram registados durante a 1ª ou 3ª geração da mosca da azeitona.

As condições climáticas com as temperaturas mais elevadas (até 31,6 °C) e os valores mais baixos de humidade relativa (até 34%) verificaram-se em julho e no início de agosto, quando se registou o voo da 1ª geração. Pelo contrário, durante o voo da 3ª geração, em setembro e outubro, verificaram-se condições climáticas com as temperaturas mais baixas (até 14,5 °C) e os valores mais elevados de humidade relativa (até 88%). Em ambos os casos, os valores de temperatura e humidade relativa não foram favoráveis ao voo de *B. oleae* [**117,118**]. Durante a investigação, registaram-se condições climáticas marcadas pela seca.

A maior quantidade de precipitação (67,10 mm) foi registada no final de outubro, durante o voo da 3ª geração de *B. oleae.*

A abundância de *B. oleae* capturada em armadilhas YS contendo uma mistura de álcool isoamílico e álcool 2-fenetílico ($r = -0,739$; $p = 0,001$) foi significativamente correlacionada de forma negativa com a temperatura.

A abundância de *B. oleae* capturada nas armadilhas pegajosas amarelas que continham outras misturas testadas não estava correlacionada com a temperatura. Para além do álcool isoamílico, estas misturas também continham ésteres, dos quais a mistura 3 continha dois ésteres, acetato de 2-fenetilo e acetato de isobutilo. As armadilhas amarelas pegajosas que continham uma mistura de álcool e dois ésteres foram significativamente mais atractivas para *B. oleae do que as* armadilhas YS que continham dois álcoois durante cada uma das três gerações de *B. oleae.*

Para as armadilhas YS contendo uma mistura de álcool isoamílico e álcool 2-fenílico, para além da temperatura, foi também observada uma correlação positiva significativa com a quantidade de precipitação ($r = 0,572; p = 0,041$).

No mesmo quadro, foi também observada uma correlação negativa significativa entre a temperatura e a abundância de *B. oleae* capturada em armadilhas YS contendo apenas hexano ($r = -0,632; p = 0,009$). No entanto, a temperatura como parâmetro climático foi negativamente correlacionada com a abundância da mosca da azeitona em ambos os casos, independentemente de se tratar de uma armadilha de controlo ou de uma armadilha YS contendo álcool isoamílico e álcool 2-fenílico. Pelo contrário, a abundância de crisopídeos verdes capturados em armadilhas YS que continham outras misturas testadas foi significativamente correlacionada positivamente com a temperatura, como se segue: mistura de álcool isoamílico, álcool 2-fenílico e acetato de 2-fenilo ($r = 0,729; p = 0,002$) e mistura de álcool isoamílico, acetato de 2-fenilo e acetato de isobutilo ($r = 0,618; p = 0,014$). Em geral, a abundância de crisopídeos verdes diminuiu com a diminuição da temperatura, especialmente quando a temperatura desceu abaixo dos 20 °C.

Foi observada uma correlação negativa significativa entre a abundância de crisopídeos verdes capturados em armadilhas YS contendo álcool isoamílico, álcool 2-fenetílico e acetato de 2-fenetílico (r = -0,557, *p* = 0,048) e a quantidade de precipitação.

A humidade relativa como parâmetro climático não mostrou correlações com a abundância de *B. oleae* nem com os crisopídeos verdes.

Observando a dinâmica populacional de ambos os insectos, podemos concluir que a abundância de *B. oleae* aumentou com a descida da temperatura e a diminuição da humidade relativa no final do verão, com o pico mais significativo no início de outubro, enquanto a abundância de crisopídeos verdes diminuiu, apesar da diferença entre as armadilhas YS.

Ao mesmo tempo, as armadilhas YS que continham uma mistura de álcool isoamílico, acetato de 2-fenetilo e acetato de isobutilo foram as mais atractivas para a mosca da azeitona de entre todas as armadilhas testadas, com significado em relação às armadilhas de controlo.

Estes resultados são promissores porque outubro é a época da colheita da azeitona, pelo que a utilização de pesticidas para controlar *B. oleae* não é permitida e, ao mesmo tempo, a abundância da mosca da azeitona no olival é elevada. *3.3. Libertação diária de voláteis das misturas investigadas no campo*

A monitorização diária da evaporação individual de cada um dos compostos voláteis de levedura associados ao OFF testados foi realizada em outubro de 2021.

Um total de cinco compostos voláteis (dois álcoois, dois ésteres e um alcano) foram testados e identificados utilizando o método HS-SPME-GC/FID.

As amostras foram medidas diariamente, durante sete dias, e analisadas utilizando HS-SPME-GC/FID, o que produziu resultados de área de pico, reflectindo a quantidade de cada amostra presente no frasco. A área do pico das amostras medidas foi comparada e reflectiu a sua proporção nos frascos expostos no pomar de oliveiras.

O hexano registou a maior diminuição da área do pico (89,29%), tal como os ésteres, especialmente o acetato de isobutilo (54,91%), enquanto o acetato de 2-fenetilo diminuiu em muito menor grau (25,81%). Em contrapartida, ao medir os álcoois nos doseadores, o álcool isoamílico e o álcool 2-fenílico registaram um aumento de 8,21 e 11,32%, respetivamente.

Durante todos os dias de ensaio, bem como no último dia de ensaio, a presença de todos os compostos testados foi confirmada após exposição a condições de campo exteriores.

Vitanovic et al. [87] afirmaram anteriormente que estes compostos voláteis associados ao OFF testados individualmente eram atractivos para *B. oleae* no campo, pelo que era crucial testar as suas diferentes misturas no pomar de oliveiras e determinar a taxa de libertação de cada um deles individualmente. Os nossos resultados mostraram, comparando os níveis de componentes voláteis de leveduras associados ao OFF, que todos eles estavam presentes nos dispensadores durante a sua presença no pomar de oliveiras.

Contudo, tanto quanto é do nosso conhecimento, a libertação de compostos voláteis de leveduras associadas ao OFF não foi estudada, tanto em condições controladas como no campo. Os factores importantes que influenciam a libertação de um composto químico incluem a temperatura, o fluxo de ar, o vento, a exposição à luz solar, a precipitação e a humidade relativa. Para além destes factores, a taxa de libertação é também afetada pelas características do próprio composto e pelo tipo de doseador utilizado [119]. A pressão de vapor de um composto afecta diretamente a sua volatilidade, pelo que um composto que tenha uma pressão de vapor mais elevada, a uma determinada temperatura, evapora mais rapidamente do que um composto que tenha uma pressão de vapor mais baixa [90].

Isto explica a evaporação mais rápida da taxa de libertação de acetato de isobutilo para os compostos voláteis de levedura associados ao OFF. No caso dos dispensadores colocados no campo, as variações na taxa de libertação podem levar a um aumento da volatilidade do produto químico, a alterações na sua composição, bem como à degradação do material do dispensador em que é aplicado [120].

Interacções moleculares entre a azeitona e a mosca da fruta
Bactrocera oleae

A mosca da fruta *Bactrocera oleae* é o principal fator de stress biótico das azeitonas cultivadas, causando danos directos e indirectos que reduzem significativamente o rendimento e a qualidade do azeite. Para estudar a interação azeitona-B. *oleae*, realizámos investigações transcriptómicas e proteómicas da resposta molecular da drupa.

As identificações dos genes e proteínas envolvidos na resposta dos frutos foram efectuadas utilizando uma técnica de Hibridação Subtractiva por Supressão e uma abordagem combinada de eletroforese bidimensional/nanoLC-ESI- LIT-MS/MS, respetivamente.

Identificámos 196 ESTs e 26 pontos de proteína como

diferencialmente expressos em azeitonas com túneis de alimentação larvar. Uma análise bioinformática da coleção de ESTs e proteínas não redundantes identificadas indicou que diferentes processos moleculares foram afectados, tais como a resposta ao stress, a sinalização por fito-hormonas, o controlo transcricional e o metabolismo primário, e que uma proporção considerável das ESTs não pôde ser classificada.

A expressão alterada de 20 transcrições foi também analisada por PCR em tempo real, e as diferenças mais marcantes foram confirmadas no fruto de uma variedade diferente de azeitona. Também clonámos as sequências de codificação completas de dois genes, Oe-chitinase I e Oe-PR27, e mostrámos que estes são genes induzidos por feridas e activados por punções *de B. oleae.*

A mosca da azeitona *Bactrocera oleae* (Rossi) (Diptera: Tephritidae) é a praga mais nociva da azeitona a nível mundial [121].

Conhecida principalmente como causa de perdas significativas de rendimento em quase todos os países da bacia mediterrânica (onde se situam os principais países produtores de azeitona e azeite), esta praga monófaga está atualmente também presente em novas áreas de cultivo, como a África do Sul e a América do Norte e Central [122, 123].

A mosca da azeitona é capaz de reduzir o rendimento das culturas de várias formas [121]. As fêmeas adultas danificam as drupas através da sua oviposição nos frutos em amadurecimento. A larva recém-eclodida desenvolve-se como uma broca do fruto, escavando um túnel no mesocarpo até à pupação. A alimentação das larvas provoca perdas de rendimento, principalmente devido ao consumo da polpa e à queda prematura dos frutos. Além disso, os frutos infestados apresentam uma alteração das suas características organolépticas que os torna impróprios para consumo direto, transformação ou prensagem [124].

Embora a disponibilidade e a qualidade dos frutos hospedeiros, juntamente com o clima, representem factores importantes para a ocorrência de surtos de *B. oleae*, estima-se que a perda média de culturas seja da ordem dos 5-30% da produção total de azeitona, mesmo com medidas intensivas de controlo químico [123, 124].

Os métodos convencionais de gestão baseiam-se em aplicações de insecticidas para controlar a mosca, após monitorização da população adulta [121].

Infelizmente, à semelhança de muitas outras pragas, as populações de *B. oleae adquiriram* insensibilidade aos insecticidas [126, 127].

Além disso, os programas clássicos de controlo biológico não têm sido bem sucedidos, especialmente porque não conseguem fornecer consistentemente níveis adequados de controlo em toda a gama de climas e de variedades de azeitona cultivadas [121].

Apesar do forte impacto no rendimento, ainda não existem estudos exaustivos sobre a reação da azeitona e os mecanismos de resistência à mosca da fruta. As cultivares de oliveira diferem no grau de suscetibilidade à infestação da mosca da fruta [121], mas os factores subjacentes a esta caraterística são ainda controversos [67, 68]. Foi registada uma forte tolerância, definida principalmente pela avaliação da gravidade da infestação, em algumas variedades cultivadas [121]. No entanto, mesmo as cultivares ditas "resistentes" podem sofrer ataques consideráveis sob uma pressão de infestação intensa [120].

É provável que a suscetibilidade diferencial à mosca da fruta possa envolver uma série de parâmetros morfológicos, fisiológicos e fenológicos, que incluem a obstrução mecânica, a composição do fruto e a quantidade de substâncias químicas envolvidas na defesa direta e indireta da planta [127, 131, 132].

Infelizmente, os estudos que visam a descrição da resposta molecular da oliveira à *B. oleae* são também muito necessários para compreender os mecanismos e os intervenientes na defesa da oliveira, melhorando eventualmente a resistência ao stress, aumentando o rendimento e facilitando a seleção molecular de variedades de azeitona mais adequadas à gestão integrada das pragas.

Para compreender melhor as consequências da interação entre a mosca da azeitona e o fruto, estudámos a resposta molecular dos frutos a nível transcricional e proteómico. Devido à informação limitada sobre o genoma da azeitona, foi utilizada uma abordagem PCR em bibliotecas de cDNA subtraído. A técnica de Hibridação Subtractiva por Supressão (SSH) baseada na PCR foi desenvolvida para uma comparação sensível dos padrões de expressão do mRNA entre duas populações de cDNA [133].

Esta metodologia tem sido explorada com êxito para analisar as respostas das plantas ao stress biótico ou abiótico e as alterações entre diferentes fases de desenvolvimento ou tecidos [134-138].

Embora o método SSH tenha sido amplamente utilizado nos domínios animal, procariótico e humano, é particularmente útil para espécies que não dispõem de dados genómicos [139].

Paralelamente, foi utilizada uma análise de eletroforese bidimensional de extractos de proteínas para identificar alterações proteómicas específicas em drupas com túneis de alimentação de larvas. Os estudos proteómicos baseados em gel têm sido amplamente utilizados para investigar as alterações da expressão proteica nos tecidos vegetais durante as respostas ao stress biótico ou abiótico e para destacar as assinaturas moleculares em genótipos com níveis mais elevados de resistência a insectos ou fungos [140-144].

As nossas análises transcriptómicas e proteómicas permitiram-nos revelar as bases moleculares e as vias de sinalização relacionadas induzidas na interação entre a oliveira e a sua praga biótica mais prejudicial.

Construção da biblioteca subtraída e análise da sequência

Foi construída uma biblioteca subtraída para identificar genes da azeitona cuja expressão é afetada pela infestação por *B. oleae*. A biblioteca de cDNA foi obtida utilizando RNA de frutos com túneis de alimentação de larvas como *testador* e de frutos não danificados como *condutor*. A seleção azul/branca e a digestão de restrição identificaram 590 colónias recombinantes de um total de 1.180. Após filtragem do tamanho por análise de restrição (>200 pb), os plasmídeos recombinantes foram sequenciados e os clones com baixo conteúdo de informação foram removidos. O comprimento médio das 196 sequências de azeitona clonadas foi de 303 pb, com um mínimo de 69 pb e um máximo de 766 pb.

Para obter sequências únicas (unigenes), realizámos uma montagem utilizando o programa CAP3, que identificou 87 singletons e agrupou as restantes 111 sequências em 33 contigs, constituídos por 2 a 22 ESTs sobrepostos. O conjunto de dados unigénico não redundante resultante, após uma tradução automática *in silico*, foi comparado com as bases de dados disponíveis para encontrar semelhanças com sequências conhecidas.

Apenas três clones corresponderam a sequências de azeitona já disponíveis. As correspondências com valores de e- inferiores a 10e-03 foram utilizadas para atribuir uma função putativa às transcrições. No geral, 39,2% dos unigenes codificam putativamente para proteínas com semelhanças significativas com proteínas anotadas noutros organismos; estes unigenes foram nomeados com base na homologia (Ficheiro adicional 1). Os restantes 73 unigenes (60,8%) foram considerados como funcionalmente não identificados. Os unigenes com um valor blastX e- superior a 10e-3 foram então comparados com bases de dados de nucleótidos. Cinquenta e duas sequências revelaram uma semelhança significativa (valor e- inferior a 10e-3).

Especificamente, foram anotadas 27 (respetivamente 2) ESTs, escolhendo como conjunto de pesquisa a coleção de nucleótidos não redundantes (respetivamente a coleção Expressed Sequence Tags) do NCBI. Foi encontrada uma semelhança significativa para outros 23 clones através da análise das sequências transcritas da oliveira na base de dados OLEA EST. Todas estas sequências estão listadas no ficheiro adicional 2.

A proporção de sequências que não foram anotadas pode ser explicada pelo comprimento médio relativamente pequeno dos fragmentos SSH, pela presença de fragmentos que incluem regiões UTR, que normalmente correspondem a regiões menos conservadas dos genes, ou por ambos.

É provável que estas duas características sejam introduzidas pela técnica de subtração [145, 146], que favorece a clonagem de fragmentos relativamente curtos com menor grau de conservação. O comprimento médio das sequências não descritas diferiu significativamente do das entradas anotadas (*teste t*; *p<0,01*). No entanto, mais de 71% dos clones SSH cujo produto putativo de tradução não pôde ser anotado apresentaram semelhança com outros transcritos de plantas.

Aproximadamente metade destes clones encontrou uma correspondência exclusivamente na base de dados Olea EST, sugerindo que a falta de uma anotação funcional relativa a um conjunto de genes induzíveis se deve também à existência de sequências que são específicas da oliveira.

A análise da Ontologia Génica da coleção de unigénios não redundantes foi realizada utilizando o software Blast2GO, tendo em conta a informação limitada disponível sobre o genoma da oliveira. As sequências foram classificadas em duas categorias ontológicas, nomeadamente, "Processo biológico" e "Função molecular" (Figura 1). Curiosamente, na categoria "Biological process" (processo biológico), a entrada mais frequente foi "Response to stress" (resposta ao stress), seguida de "Catabolic process" (processo catabólico). A "Função molecular" mais frequente foi a atividade de hidrolase [146].

Entre as sequências anotadas na biblioteca SSH, identificámos várias ESTs cujos homólogos noutras espécies estão associados a respostas das plantas ao stress biótico, tais como proteínas da família das hidrolases e inibidores de proteinases.

Figura 1

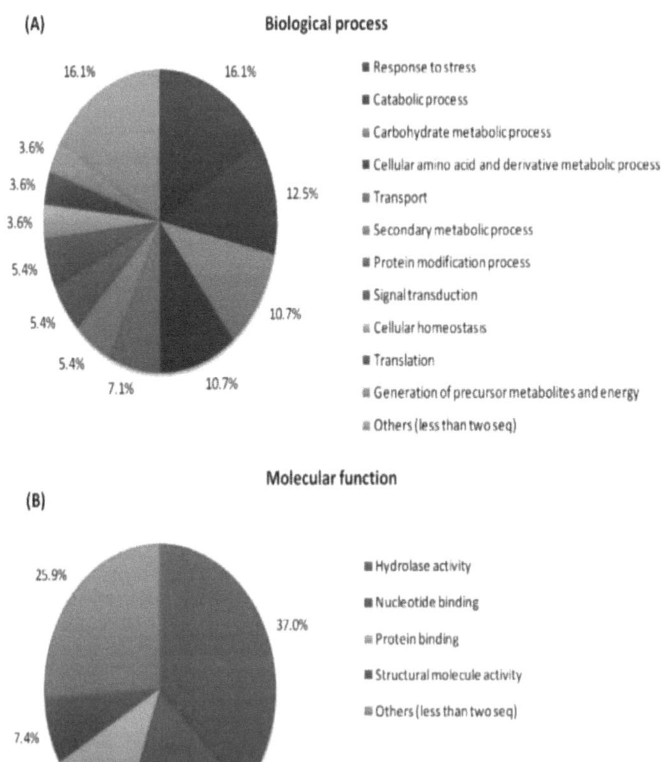

Distribuição dos termos do processo biológico (a) e da função molecular (b) dos 47 unigenes anotados segundo a classificação GO (73 sequências não foram anotadas).

Para fornecer um resumo a vários níveis das funções GO utilizando um conjunto GO preparado para plantas, efectuámos uma anotação GoSlim para plantas com um limite de duas sequências. A categoria "outros" inclui processos metabólicos do ADN, diferenciação celular, resposta a estímulos bióticos, resposta a estímulos abióticos, morfogénese de estruturas anatómicas, morte celular, desenvolvimento de flores, crescimento e resposta a estímulos endógenos para "processos biológicos". Para "função molecular", a categoria "outros" inclui atividade de cinase, atividade de recetor, ligação a hidratos de carbono, ligação ao ADN, atividade de regulador enzimático, atividade de transportador e atividade de transferase.

A expressão de *B. oleae-inducib \ e* de uma seleção de unigenes foi também investigada por PCR quantitativa em tempo real (qRT-PCR), como uma verificação baseada num método e material experimental independente [148].

Para o efeito, seleccionámos da biblioteca 18 unigenes representativos de diferentes processos biológicos, como a resposta de defesa abiótica e biótica, a transdução de sinais, a sinalização por fito-hormonas e a regulação da transcrição. Além disso, incluímos na análise dois transcritos que codificam putativamente proteínas não classificadas.

As experiências de qRT-PCR foram realizadas utilizando ARN isolado de drupas infestadas e de controlo da cultivar 'Moraiolo' colhidas num ano diferente. Os dados de RT-PCR em tempo real indicaram que as ESTs que apresentam semelhanças significativas com o inibidor de tripsina protease II, o inibidor de tripsina/quimotripsina, a proteína 27 relacionada com a patogénese (PRp27) e a quitinase I foram as sequências mais altamente induzidas pela alimentação das larvas (Figura 2).

A elevada indutibilidade do TPI II foi também confirmada em drupas de uma cultivar diferente, "Leccino" (3).

Figura 2

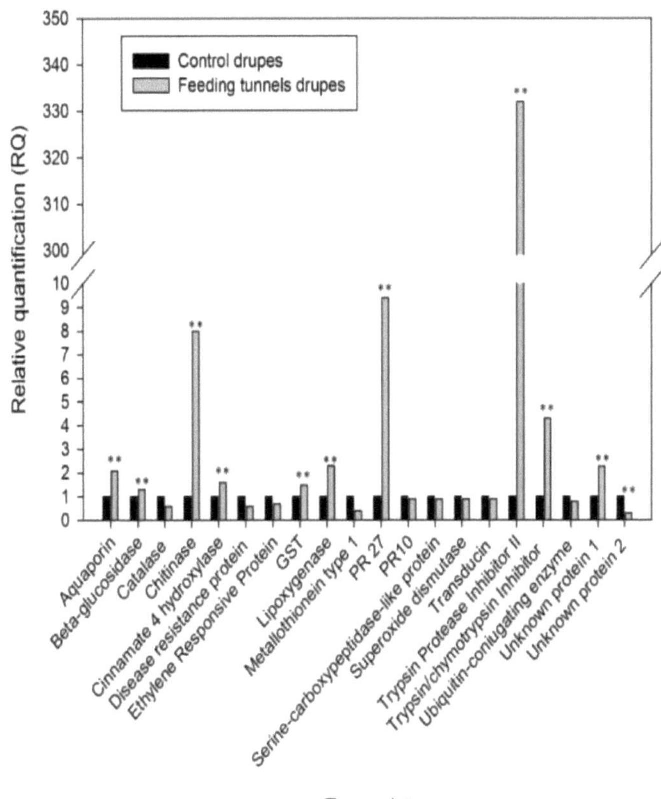

Análise por PCR em tempo real dos níveis de expressão de transcritos supostamente envolvidos na defesa contra a alimentação larvar.

Os genes são enumerados no quadro 1. O ARN foi isolado de drupas da cultivar "Moraiolo". O gráfico apresenta a quantidade relativa

(RQ) de cada gene alvo nas drupas de controlo (barras pretas) e nas drupas infestadas (barras cinzentas), numa escala linear em relação ao calibrador (drupas de controlo). Os asteriscos indicam uma diferença significativa em relação ao controlo *(p < 0,01)*

Como parte deste estudo, identificámos as sequências de codificação completas de dois genes altamente induzíveis pela alimentação larvar e caracterizámos ainda mais o seu envolvimento nas interacções planta-inseto. Os fragmentos de cDNA do PRp27 e da quitinase foram utilizados como ponto de partida para PCRs RACE 5' e 3'.

A montagem dos fragmentos de cDNA recuperados permitiu-nos identificar as sequências de codificação completas de 792 e 687 pb para os genes da quitinase da azeitona e PR27, respetivamente. Para além disso, foram também clonadas a 3' UTR e parte da 5' UTR. Estes genes foram designados Oe-Chitinase I (Acc. Num. JN696113) e Oe-PRp27 (Acc. Num. JN696114).

A sequência montada do cADN da Oe-Chitinase I tinha 947 pb com uma ORF que codifica um polipéptido com 264 aminoácidos e um pI teórico de 5,61 (Figura 3).

Este produto proteico tem a maior identidade de sequência (81%) com a quitinase 1b de *Vitis vinifera* (Acc. Num. CAC14015) e contém um domínio conservado típico da superfamília Chitinase 19. A ausência de um domínio N-terminal de ligação à quitina (um motivo de 30 a 43 resíduos organizado em torno de um núcleo conservado de quatro dissulfuretos) implica que a Oe-Chi I pertence à classe IB/II.

As proteínas pertencentes à família da quitinase 19 são enzimas cuja função nas plantas está principalmente associada à resposta de defesa contra agentes patogénicos de fungos e insectos. A bioinformática revelou a presença de um péptido de sinal N-terminal de 19 aminoácidos e a ausência de um sinal de direcionamento para o vacúolo, o que sugere que a Oe-Chi I é segregada para o espaço extracelular. O alinhamento múltiplo da sequência de aminoácidos com outras quitinases de plantas revelou a presença de vários resíduos conservados, nomeadamente três resíduos catalíticos, quatro sítios de ligação a açúcares e dois padrões de assinatura da família Chitinase 19 (Figura 4).

Figura 3

(A)

```
 -18                                        atttaatttggtaacaaa

   1 ATGaaaactttggtattggtttttattgagtctctcatcccttatg
     M  K  T  L  V  L  V  L  L  S  L  S  S  L  M
  46 ggtgcatgggctcaaggaggagtggattcgattataagcaaatcc
     G  A  W  A  Q  G  G  V  D  S  I  I  S  K  S
  91 cttttcgatgaaatgttgaagcatcgcaatgatggaaattgccct
     L  F  D  E  M  L  K  H  R  N  D  G  N  C  P
 136 gcaaatggttttttacacttatgaagctttttatagctgctgctaac
     A  N  G  F  Y  T  Y  E  A  F  I  A  A  A  N
 181 tcctttggagctttcggaaccacaggcgatactgatactcgaaaa
     S  F  G  A  F  G  T  T  G  D  T  D  T  R  K
 226 cgagaaattgctgccttcttggctcaaacttctcatgaaactaca
     R  E  I  A  A  F  L  A  Q  T  S  H  E  T  T
 271 ggcggatgggcttctgcaccagatggtccatattcatggggatat
     G  G  W  A  S  A  P  D  G  P  Y  S  W  G  Y
 316 tgctacaagcaagaacaaggcaatccaccggattattgtgttgca
     C  Y  K  Q  E  Q  G  N  P  P  D  Y  C  V  A
 361 agccaggaatggccatgtgctcctggtaaaaaatacttcggtcga
     S  Q  E  W  P  C  A  P  G  K  K  Y  F  G  R
 406 gggcccatccagatttcctacaattacaactatggtccagcaggt
     G  P  I  Q  I  S  Y  N  Y  N  Y  G  P  A  G
 451 aaagcaatagggtctgatctgctaaacgatccagatgcagttgca
     K  A  I  G  S  D  L  L  N  D  P  D  A  V  A
 496 aatgacccaactatttcattcaaaactgcattctggttttggatg
     N  D  P  T  I  S  F  K  T  A  F  W  F  W  M
 541 acaccwcaagcgccaaagccctcgtgccacgatgcaatgagtggg
     T  P  Q  A  P  K  P  S  C  H  D  A  M  S  G
 586 gtatggaaaccctcggccgcagacacagccgctggacgggtgcct
     V  W  K  P  S  A  A  D  T  A  A  G  R  V  P
 631 ggttatggtgtcgttaccaacatcatcaatggtggaattgaatgc
     G  Y  G  V  V  T  N  I  I  N  G  G  I  E  C
 676 ggtaaaggttcgaacccacaaatggaagacaggattggcttctac
     G  K  G  S  N  P  Q  M  E  D  R  I  G  F  Y
 721 aagagatactgtgacttacttggagttggctatggccctaatttg
     K  R  Y  C  D  L  L  G  V  G  Y  G  P  N  L
 766 gattgtaacaaccaaaagtcctttgctTAAgaagttgtgttactc
     D  C  N  N  Q  K  S  F  A  *
 811 ttttgtatttcatctatgtgatgcatcaataaagcttaataataa
 856 aatggagctcttagctctatgtaataaaacatgaataaagtttga
```

Estrutura primária da Oe-Chitinase I. (a) A sequência de nucleótidos da Oe-Chitinase I com a sua sequência de aminoácidos deduzida. Os códons de início e de paragem estão em letras maiúsculas. O péptido sinal putativo no terminal N está duplamente sublinhado. Os cinco sinais adicionais putativos de poli(A) estão sublinhados. **(b)** Uma representação esquemática da proteína Oe-Chitinase I mostrando o péptido sinal (área cinzenta), o domínio catalítico da família da quitinase-glicohidrolase 19 (área preta) e as posições dos resíduos catalíticos (triângulos pretos) e dos sítios putativos de ligação aos açúcares (triângulos brancos)

Figura 4

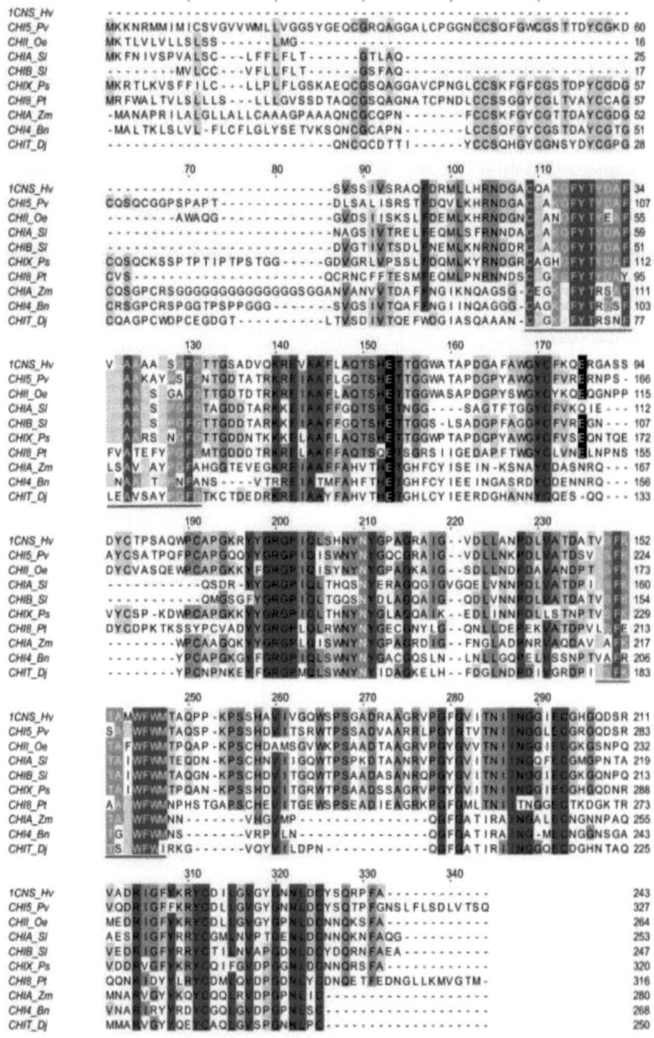

**Alinhamento múltiplo das sequências de aminoácidos de
quitinases de plantas representativas escolhidas entre as que têm
uma ligação estrutural.**

Os resíduos conservados em mais de 80%, 60% e 40% das proteínas examinadas são indicados por fundos azuis escuros, violetas e azuis claros, respetivamente. Os dois resíduos de aminoácidos catalíticos das quitinases da família 19 são indicados por caixas pretas. Os motivos conservados da família da quitinase 19 estão sublinhados a vermelho.

Os resíduos em caixas cinzentas estão relacionados com a atividade enzimática. As quitinases utilizadas são CHI_I_Oe da oliveira (JN696113, *Olea europea),* 1CNS_Hv da cevada (1CNS_A, *Hordeum vulgare),* CHI5_Pv do feijão (P36361, *Phaseolus vulgaris),* AGI_Ud da urtiga (P11218, *Urtica dioica),* CHIT_DJ do inhame japonês (P80052, *Dioscorea japonica),* CHIA_Zm de milho (P29022, *Zea mays),* CHI4_Bn de colza (Q06209, *Brassica napus),* CHIX_Ps de ervilha (P36907, *Pisum sativum),* CHIA_Sl de tomate (Q05539, *Solanum lycopersicum*), CHIB_Sl de tomate (Q05540, *Solanum lycopersicum*), e CHI8_Pt de choupo preto (P16061, *Populus balsamifera* subsp. *trichocarpa*)

A sequência de cADN montada de Oe-PRp27 tinha 926 pb com uma ORF que codifica um polipéptido com 229 aminoácidos (Figura 5). Este produto proteico tem a maior identidade de sequência (77%) com NtPRp27 de *Nicotiana tabacum* (Acc. Num. BAA81904).

A proteína Oe-PRp27 prevista contém um domínio de proteína secretora básica (BSP), que se acredita ser típico das proteínas envolvidas nos mecanismos de defesa das plantas contra agentes patogénicos. A análise bioinformática indicou a presença de um péptido de sinal N-terminal de 24 aminoácidos. O alinhamento de sequências múltiplas revelou a presença de cinco regiões que são altamente conservadas entre os membros da família PR17 de proteínas vegetais relacionadas com a patogénese [91] (Figura 6).

Figura 5

-22   acaaaacccataaaacgttaac

  1 ATGgctaactcgattacactgtgtctgtgtttctcttccttggca
    M   A   N   S   I   T   L   C   L   C   F   S   S   L   A
 46 attctagccgccattcaaggaatccatgcagtggactatacattt
    I   L   A   A   I   Q   G   I   H   A   V   D   Y   T   F
 91 acaaacactgcagcaaacactcctggaggtgttagattcactaat
    T   N   T   A   A   N   T   P   G   G   V   R   F   T   N
136 gagattggggaacaatacagcatccaaacgctggatgcagctacg
    E   I   G   E   Q   Y   S   I   Q   T   L   D   A   A   T
181 aatttcatatggaaaatcttccaacaagacacgactccggccgac
    N   F   I   W   K   I   F   Q   Q   D   T   T   P   A   D
226 agaaaaaatgtccagaaggtgagtttattcatcgatgatatggac
    R   K   N   V   Q   K   V   S   L   F   I   D   D   M   D
271 ggagttgcgtatgccagcaacaatgagattcacgtcagtgcaaga
    G   V   A   Y   A   S   N   N   E   I   H   V   S   A   R
316 tacatacagggttattctggtgatgtgaaaacggagatcactgga
    Y   I   Q   G   Y   S   G   D   V   K   T   E   I   T   G
361 gttttgtatcatgaaatgactcacatctggcaatggaatggaaat
    V   L   Y   H   E   M   T   H   I   W   Q   W   N   G   N
406 ggtcaagctccaggaggtcttatagaaggtatagctgattatgtg
    G   Q   A   P   G   G   L   I   E   G   I   A   D   Y   V
451 aggctaaaggctggttatgcaccaagtcattgggttaaacccggg
    R   L   K   A   G   Y   A   P   S   H   W   V   K   P   G
496 gaaggagacaggtgggatcaaggttatgatgtgaccgcacgattc
    E   G   D   R   W   D   Q   G   Y   D   V   T   A   R   F
541 ttggattattgcgacagtctcagaagtggatttgttgcagaactt
    L   D   Y   C   D   S   L   R   S   G   F   V   A   E   L
586 aacaagaaaatgagagatggttacaacaacacctacttcgttgat
    N   K   K   M   R   D   G   Y   N   N   T   Y   F   V   D
631 cttctgggcaagacagtagatcagctctggatggactacaaagca
    L   L   G   K   T   V   D   Q   L   W   M   D   Y   K   A
676 aaatataataccTAAttagttagaggaatattatatgttttgggg
    K   Y   N   T   *
721 ctttcaatttccaataatt<u>aataaa</u>taatctgtttccagaaaaga
766 aaaattatataaagaataatctcaagcccttgctaatagtggcac
811 tgctgtgatttccaatgtattaaattgtttt<u>aataaaa</u><u>ataaaa</u>
856 tagtactattacaatatttctctaaaaaaaaaaaaaaaaaaaaaa

Estrutura primária de Oe-PRp27. A sequência de nucleótidos de Oe-PRp27 com a sua sequência de aminoácidos deduzida. Os códons de início e de paragem estão em letras maiúsculas. O péptido sinal putativo no terminal N está duplamente sublinhado. Os sinais adicionais putativos de poli(A) estão sublinhados

Figura 6

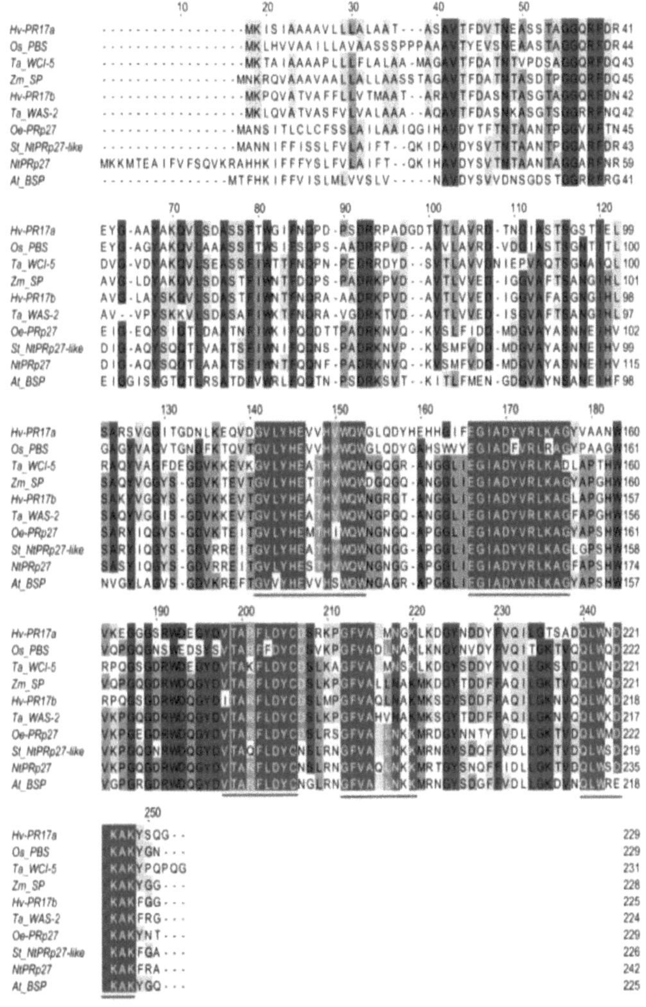

Alinhamento múltiplo das sequências de aminoácidos dos membros da família PRp17.

Os resíduos conservados em mais de 80%, 60% e 40% das proteínas examinadas são indicados por fundos azuis escuros, violetas e azuis claros, respetivamente.

Os cinco motivos conservados da família PR17 estão sublinhados a vermelho. O local de fosforilação conservado da proteína quinase C (TXR/K/Q) está num retângulo cor de laranja e o resíduo Tyr com potencial para atuar como dador está indicado a vermelho.

As proteínas utilizadas são Hv-PR17a da cevada (Y14201, *Hordeum vulgare)*, Os_PBS do arroz (NP_001064926, *Oryza sativa Japónica)*, Ta_WCI-5 do trigo (AAC49288, *Triticum aestivum)*, Zm_SP do milho (B6TDW7, *Zea mays)*, Hv-PR17b da cevada (Y14202, *Hordeum vulgare)*, Ta_WAS-2 do trigo (AF079526_1, *Triticum aestivum)*, St_NtPRp27-like da batata (Q84XQ4, *Solanum tuberosum)*, Oe- PRp27 da azeitona (JN696114, *Olea europea*), NtPRp27 do tabaco (Q9XIY9, *Nicotiana tabacum)* e At_BSP do agrião-do-talo (AF345341, *Arabidopsis thaliana)*

O perfil transcricional destes dois genes foi ainda investigado. Analisámos a expressão relativa dos genes em frutos com punções de oviposição de *B. oleae* ou com túneis de alimentação. Além disso, determinámos a sua resposta ao ferimento, um e dois dias após o tratamento (Figura 7).

Considerando que existem variações intra-específicas nos eventos de sinalização induzidos pela herbivoria e nos metabolitos secundários entre diferentes populações de plantas [150], este trabalho foi realizado numa variedade cultivada diferente, 'Leccino'. Os nossos resultados indicaram que os transcritos de Oe-Chitinase I e Oe- PR27 se acumulam em resposta a punções da mosca da fruta e confirmaram a sua forte ativação em drupas com túneis de alimentação de larvas.

Além disso, as experiências de ferimento mostraram que estes genes também são induzidos por danos mecânicos. Ambos os genes tiveram o seu nível de transcrição mais elevado às 24 h após o tratamento e, curiosamente, neste momento, o seu nível de expressão foi semelhante ao registado em azeitonas perfuradas pela mosca da fruta.

Estes dados sugerem também que outros factores, muito provavelmente relacionados com o hábito alimentar da larva, devem estar presentes para conseguir a indução total de ambos os genes em drupas com túneis de alimentação.

Figura 7

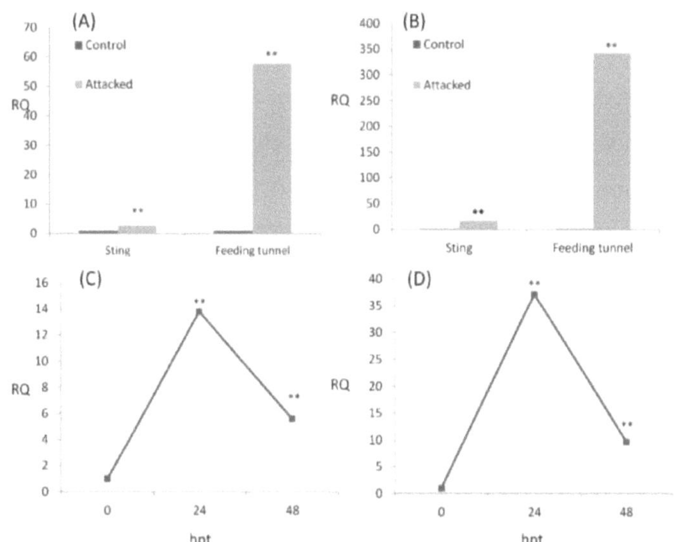

Análise por PCR em tempo real dos níveis de expressão relativa dos genes Oe- Chi I e Oe-PRp27 em relação ao stress biótico e mecânico. O ARN foi isolado de drupas da cultivar 'Leccino'. O gráfico mostra a quantidade relativa (QR) para cada gene alvo (barras cinzentas), apresentada numa escala linear em relação ao calibrador (drupas de controlo; barras brancas). Os asteriscos indicam uma diferença significativa em relação ao controlo $(p < 0,01)$. **a)** O nível de expressão de Oe-Chi I em drupas com furos de oviposição ou túneis de alimentação das larvas. **b) O** nível de expressão de Oe-PRp27 I em drupas com furos de oviposição ou túneis de alimentação das larvas. **c)** Um curso temporal do nível de expressão de Oe-Chi I em drupas após danos mecânicos, a 0 (controlo), 24 e 48 horas após o tratamento (hpt). **d)** Um curso temporal do nível de expressão de Oe-PRp27 I em drupas a 0 (controlo), 24 e 48 horas após o tratamento (hpt)

Foi utilizada uma abordagem proteómica para determinar as modificações qualitativas e quantitativas no perfil de expressão proteica dos frutos da oliveira devido à alimentação das larvas. Foram preparados extractos proteicos de frutos infestados e de frutos de controlo e submetidos a análise 2-DE. A análise densitométrica assistida por software dos géis resolvidos permitiu uma comparação dos respectivos repertórios proteómicos.

A Figura 8 mostra um gel representativo corado com Coomassie das azeitonas de controlo. Os mapas proteómicos médios revelaram 578 (frutos de controlo) e 498 (frutos infestados por insectos) pontos, respetivamente, com uma semelhança de 77%.

A avaliação estatística $(p<0,05)$ das densidades relativas das manchas detectou 26 manchas como diferencialmente presentes em frutos sujeitos a ataque larvar, com uma diferença de pelo menos duas vezes em relação ao controlo. Oito manchas apresentaram níveis de abundância aumentados em frutos infestados por insectos, enquanto as restantes apresentaram a tendência oposta. Estes pontos foram retirados dos géis, digeridos com tripsina e submetidos a análise nanoLC- ESI- LIT-MS/MS.

Uma pesquisa na base de dados com dados provenientes das experiências de MS permitiu uma identificação positiva de 23 manchas. A lista das proteínas identificadas é apresentada no ficheiro adicional 4, juntamente com as suas variações quantitativas.

Para 19 manchas, a análise MS demonstrou a ocorrência de um único componente proteico na amostra analisada. Por outro lado, foram detectadas múltiplas espécies polipeptídicas (2-3 em número) em cada um dos restantes 4 pontos, em resultado da sua migração electroforética concomitante.

As sequências identificadas foram comparadas com as bases de dados de sequências disponíveis para encontrar semelhanças com proteínas de plantas conhecidas; as entradas com as pontuações mais elevadas são apresentadas no ficheiro adicional 4. De acordo com a classificação GO, as proteínas diferencialmente expressas estão principalmente envolvidas no metabolismo dos hidratos de carbono, nos processos redox e nas respostas de defesa.

Figura 8

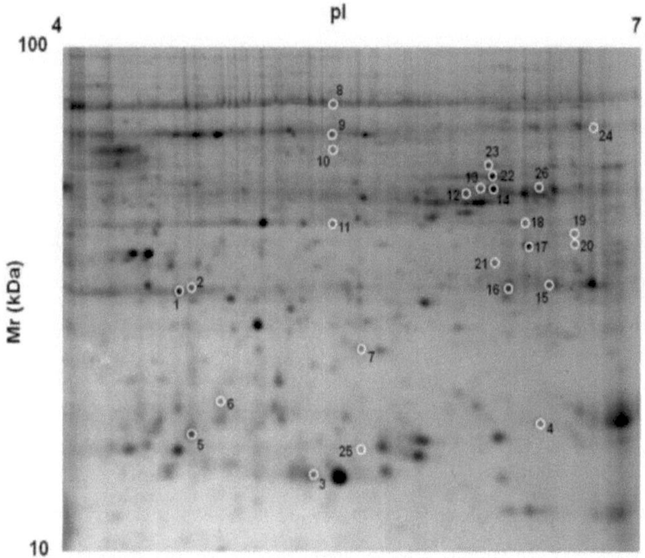

Mapa proteómico 2D de drupas de azeitonas de controlo após coloração com Coomassie G250 coloidal.

Os números indicam as manchas proteicas que apresentam diferenças estatisticamente significativas em relação aos frutos *infestados com Bactrocera oleae*. Estas manchas estão descritas no ficheiro adicional 4

Na biblioteca SSH, cerca de 40% dos unigenes identificados na biblioteca SSH puderam ser anotados funcionalmente. Embora a comparação entre diferentes trabalhos seja difícil devido ao número crescente de sequências nas bases de dados, esta proporção é inferior à registada em trabalhos semelhantes sobre espécies de plantas modelo [136, 138], mas é semelhante a outros relatórios sobre espécies cujos genomas ainda não foram sequenciados [145, 151].

Curiosamente, a caraterização funcional da biblioteca indicou uma maior representação de ESTs envolvidos na resposta da planta ao stress, incluindo os relacionados com o stress biótico, como ferimentos e ataques de agentes patogénicos, ou stress abiótico, como temperaturas altas ou baixas, seca e NaCl.

Além disso, identificámos transcrições envolvidas na produção, transdução de sinais ou resposta a hormonas e moléculas (por exemplo, ácido jasmónico e ROS) que estão relacionadas com a resistência das plantas a pragas herbívoras. Um número semelhante de sequências da biblioteca corresponde a transcrições não caracterizadas da oliveira, sugerindo que a resposta da oliveira a *B. oleae* também envolve genes novos ou não descritos.

A anotação funcional da biblioteca mostrou que uma barreira crítica para trabalhar com a azeitona é a dependência de modelos de vias bioquímicas, repertórios de ontologia genética e informação genómica que se baseiam principalmente em espécies modelo [152].

Estes resultados também demonstraram que a abordagem SSH era uma estratégia adequada para estudar a resposta da oliveira. Além disso, embora muitos processos e vias celulares inerentes à resistência a pragas sejam evolutivamente conservados nas plantas [150], a análise da biblioteca sugeriu que a plasticidade das redes de transdução de sinais e a variedade de compostos de defesa podem ser particularmente pronunciadas para a oliveira.

Esta hipótese é concebível, considerando não só a diferença entre esta árvore e as plantas modelo, mas também a forte relação co-evolutiva do especialista *B. oleae* com os frutos da oliveira. Antecipamos que os unigenes não caracterizados podem representar um reservatório de genes de defesa candidatos e que o seu estudo pode permitir mais conhecimentos sobre o mecanismo de defesa da oliveira.

A análise proteómica identificou 19 proteínas como diferencialmente expressas após o ataque de insectos. Duas destas entradas foram também identificadas no nosso conjunto de dados transcriptómicos. Em termos percentuais, a taxa de correspondência é semelhante à de outros estudos baseados em análises proteómicas e transcriptómicas de espécies arbóreas não-modelo [153-155].

Além disso, considerando que a baixa correlação entre sequências derivadas de abordagens analíticas de mRNA ou de proteínas é geralmente explicada por processos de regulação pós-transcricional, translacional e/ou pós-tradicional [156, 157], os nossos dados são sugestivos da importância e da possível magnitude dos eventos pós-transcricionais para a regulação de genes durante a defesa contra pragas [158].

Por último, esta comparação mostra também que os dados transcriptómicos e proteómicos são complementares nas plantas, tal como noutros organismos [159163].
Como as plantas apresentam uma variedade de estratégias contra os insectos [150], é de esperar que vários processos moleculares estejam envolvidos nos mecanismos de defesa contra a mosca da azeitona.

A anotação funcional indicou que a alimentação larvar de *B. oleae* diminuiu significativamente a abundância de várias proteínas relacionadas com a fotossíntese e alterou a quantidade das relacionadas com o metabolismo dos hidratos de carbono, o que incluiu uma expressão reduzida de serina hidroximetiltransferase, que é importante para a fotorrespiração nas mitocôndrias [164], e de enzimas relacionadas com processos catabólicos de hidratos de carbono. A regulação negativa dos genes que codificam proteínas fotossintéticas ou o declínio da taxa fotossintética em plantas atacadas foi observada em diferentes herbívoros que se alimentam de folhas [165].

É interessante que observámos um efeito semelhante nos órgãos receptores, apoiando assim a proposta de que os metabolitos primários também podem funcionar como sinais nas vias de defesa das pragas [166]. Uma promoção da maturação das drupas relacionada com o stress também deve ser tida em consideração [167]. A análise transcriptómica também demonstrou que os unigenes que respondem ao stress representam a maior classe funcional de genes da azeitona regulados positivamente durante o ataque de B. oleae. Nestas condições, a proteómica revelou um aumento da acumulação de beta-glucosidase (tal como a transcriptómica), das principais proteínas do látex, que já foram referidas como proteínas defensivas contra insectos [168, 169], da fosfogluconolactonase e da 6- fosfogluconato desidrogenase. Foi sugerido um possível papel defensivo destas últimas enzimas [170].

Em conjunto, os dados indicam uma mudança metabólica no sentido da defesa durante a alimentação das larvas [150]. A defesa direta da oliveira emprega uma variedade de factores induzíveis, que incluem genes que são conhecidos por serem importantes na determinação da resistência da planta a pragas herbívoras, tais como os que codificam inibidores de proteinases ou enzimas hidrolíticas (por exemplo, quitinases e glucosidases); no entanto, os genes PR também são activados. Cerca de um terço dos unigenes anotados funcionalmente são homólogos de genes que foram descritos pela primeira vez como estando envolvidos em interacções planta-patógeno. A sobreposição das vias de sinalização que regulam as interacções patógeno-planta e inseto-planta foi relatada em vários casos [171]. No caso da oliveira, essa sobreposição é razoável, tendo em conta que há muito se sabe que *B. oleae* está associada a diferentes espécies de bactérias [172, 173].

A produção de compostos envolvidos na defesa direta deve depender principalmente de uma rede que inclui espécies reactivas de oxigénio e sinalização por fito-hormonas. Os resultados das análises transcriptómicas e proteómicas foram consistentes, mostrando um enriquecimento notável de genes e proteínas envolvidos na regulação do estado redox (como as proteínas do tipo metalotioneína, GST, catalase, tioredoxinas e aldo-ceto redutase), indicando assim que a produção de ROS deve ser um componente relevante da defesa induzida da oliveira.

A redução de algumas proteínas envolvidas no metabolismo das ROS é indicativa do esforço das células vegetais para manter a homeostase em condições de stress, prevenindo danos directos da possível produção de compostos citotóxicos altamente reactivos [174].

No futuro, será interessante verificar se a produção de ROS nas drupas é também uma consequência do dano oxidativo da integridade da membrana devido à peroxidação lipídica. A classificação funcional indicou a presença de clones que se espera que sejam membros de famílias de genes envolvidos na transdução de sinal de jasmonato (por exemplo, lipoxigenase e transferência de lípidos) ou no metabolismo de fenilpropanóides (ou seja, a trans-cinamato 4-hidroxilase e a cafeoil-o-metiltransferase), ambos produzindo compostos que, nas plantas, vão desde a defesa física e química contra stressores bióticos até moléculas de sinalização envolvidas na sinalização local e sistémica [175-177].

De um modo geral, como também foi referido para a interação entre o fungo *5. oleaginea* e a azeitona [178], os nossos dados mostram uma sobreposição de diferentes vias para a resposta da mosca da fruta e indicam que as respostas da azeitona a agentes patogénicos e herbívoros devem partilhar uma série de componentes ao nível da sinalização [179].

Considerando a inviabilidade de estudar a interação entre a mosca da azeitona e a mosca da fruta em condições controladas, recapitulámos a análise da expressão de vinte genes em drupas colhidas num ano diferente. O ensaio em tempo real confirmou a expressão diferencial de muitos clones, mas não de todos, como noutros estudos [152, 180], o que implica que a extensão das respostas das drupas à alimentação das larvas pode depender da quantidade de danos infligidos, das condições ambientais no momento em que os insectos se alimentam das plantas e da disponibilidade e atribuição de recursos vegetais [131].

É, portanto, relevante que, em anos replicados e em duas cultivares diferentes, a ativação de genes mais proeminente tenha sido detectada para os inibidores de tripsina. No entanto, apesar de termos conseguido distinguir os transcritos dos dois inibidores de tripsina proteinase nas nossas experiências qRT-PCR, não podemos excluir totalmente a possibilidade de termos monitorizado a atividade de mais do que um transcrito, porque os inibidores de serina nas plantas pertencem a uma grande família multigénica.

Em várias espécies de plantas, os inibidores de proteases das famílias da serina, cisteína e aspártico são altamente activados pela alimentação das larvas. As serina-proteinases são as enzimas mais importantes detectadas no intestino de Lepidoptera, Coleoptera, Hemiptera, Homoptera e Diptera [181]. Contudo, os bioensaios que utilizam inibidores de serina-proteases contra Diptera são mais limitados do que noutras ordens de insectos. Foi demonstrado que os sistemas proteolíticos intestinais das larvas da mosca-do-mediterrâneo (*C. capitata*) dependem principalmente de proteinases básicas, sendo as serino-proteinases do tipo tripsina as mais importantes [182].

Por estas razões, defendemos que os inibidores da tripsina devem ser um elemento importante da reação de defesa da drupa. Um ensaio in vivo contra a mosca da azeitona, utilizando inibidores purificados, esclareceria se estas moléculas poderiam ser estabelecidas como uma nova estratégia de controlo de insectos, baseada em biocompostos, na orientação da produção de enzimas digestivas de insectos por RNAi [183], na seleção de genótipos de azeitona com elevada expressão e na sua combinação.

Entre os clones de cDNA enriquecidos com SSH, foram seleccionadas duas sequências, que codificam uma quitinase e uma proteína semelhante à PRp27, para posterior caraterização funcional. Isolámos o seu cDNA completo e estudámos a sua expressão em resposta a stress biológico (punção de adultos e alimentação de larvas de *B. oleae)* e físico (ferimento mecânico).

A proteína Oe-Chi I possui os dois motivos característicos da família 19 das quitinases. Há muito que as quitinases são consideradas um componente importante da defesa das plantas, devido à sua ação direta contra organismos pestíferos e patogénicos que contêm quitina. Além disso, algumas destas enzimas estão também envolvidas em processos de desenvolvimento ou estão associadas ao stress abiótico.

A presença de um peptídeo sinal putativo e a análise da expressão genética apoiam fortemente um papel de Oe-Chi I na defesa da drupa. Especificamente, tendo em conta a magnitude da ativação do gene, é tentador especular que Oe-Chi I pode não estar exclusivamente envolvido em processos biológicos activados por danos mecânicos "genéricos", mas que este gene desempenha um papel específico no início da reação contra a alimentação das larvas.

Embora as quitinases nas plantas estejam principalmente associadas à resistência aos fungos, existem vários relatórios que documentam a sua ativação nas plantas após o ataque de pragas [184]. Curiosamente, verificou-se que uma quitinase era especificamente activada pela aplicação de regurgitante do escaravelho do Colorado, e o gene tinha o nível de expressão mais elevado após uma infestação contínua [185]. Serão efectuados mais trabalhos, principalmente orientados para a caraterização do produto proteico Oe-Chi I, para compreender o seu possível efeito contra pragas fitófagas [186, 187].

O gene Oe-PRp27 foi batizado devido à sua elevada semelhança com o *Nicotiana tabacum* NtPRp27, que codifica uma proteína segregada pertencente à família Pathogenesis-Related 17 (PR17) [149].

Foram encontrados homólogos de NtPRp27 numa grande variedade de plantas com flores e, devido à sua ativação transcricional em resposta à infeção por agentes patogénicos e a vários elicitores, estes genes são classificados como codificadores de proteínas PR. No entanto, os papéis dos membros da família PR17 ainda não foram completamente elucidados, especialmente porque estes genes são activados por várias formas de stress (seca, ferimentos, ABA, etileno e MeJA) [186], e a sua expressão constitutiva em plantas transgénicas não conduz necessariamente a um aumento da resistência a agentes patogénicos [149, 189].

Foi proposto que os membros do PR17 podem atuar em respostas de defesa relacionadas com o metabolismo da parede celular ou com a transdução de sinais [189], o que seria consistente com a rápida ativação do Oe-PR27 após a ferida. Além disso, Oe-PR27 é induzido pela alimentação e perfurações de *B. oleae*, o que implica um envolvimento na defesa dos insectos. Este resultado não é totalmente inesperado, uma vez que a NtPR27 também é induzida por JA e etileno [190] e, recentemente, foi registada a acumulação de uma proteína semelhante à NtPR durante a infeção bacteriana da uva [191].

Embora o modo de ação e a especificidade da família PR17 continuem por determinar [188], os nossos dados apoiam uma possível função alargada dos membros deste grupo nas fases iniciais da defesa, em vez de serem componentes antibióticos que actuam diretamente contra os agentes patogénicos invasores.

Criação artificial da mosca da azeitona *Bactrocera oleae* (Rossi) (Diptera: Tephritidae) para utilização na técnica do inseto estéril: melhoramento do sistema de recolha de ovos

Um dos principais obstáculos ao desenvolvimento e

implementação de um programa bem sucedido e rentável de gestão integrada de pragas em toda a área (AW- IPM) com uma componente SIT para Bactrocera oleae (Diptera: Tephritidae) é a capacidade de produzir um grande número de indivíduos criados em massa de alta qualidade.

Foram examinados os seguintes parâmetros básicos: produção de ovos por fêmea, eclosão de ovos, recuperação de pupas, peso das pupas, emergência de adultos e percentagem de moscas. Foram testadas três estirpes diferentes (Israel de tipo selvagem, França de tipo selvagem e Grécia de laboratório) e cada estirpe foi avaliada durante seis gerações. As moscas fêmeas da estirpe de Israel produziram significativamente mais ovos por fêmea do que as outras duas estirpes, mas a eclosão dos ovos foi significativamente inferior.

A eclosão dos ovos do tipo selvagem de França e da estirpe de laboratório da Grécia foi semelhante. Relativamente a todos os outros parâmetros, não se registaram diferenças significativas entre as estirpes; no entanto, verificou-se um efeito geracional significativo para todos os parâmetros observados.

A mosca da azeitona, Bactrocera oleae (Rossi), é uma praga grave de importância económica para a produção de frutos de oliveira na bacia mediterrânica e no Médio Oriente. É altamente invasiva e estabeleceu-se na América do Norte após a sua primeira deteção em 1998 na Califórnia (Califórnia, Arizona e norte do México) ([223].

As larvas de *B. oleae* infestam os frutos da oliveira e provocam a queda prematura dos frutos [224], medeiam a contaminação bacteriana e fúngica dos frutos restantes [225], provocam uma coloração indesejável do azeite [226] e tornam as azeitonas de mesa não comercializáveis [227].

Tradicionalmente, as infestações de *B. oleae* têm sido controladas através de aplicações indiscriminadas de insecticidas sintéticos. No entanto, os insecticidas têm sérias limitações devido aos seus efeitos tóxicos, aos resíduos nos frutos e no azeite, ao aparecimento de insectos secundários e a outros efeitos adversos para o ambiente [228].

Por conseguinte, existe uma grande necessidade de desenvolver métodos de controlo que sejam respeitadores do ambiente, eficientes e rentáveis. A técnica do inseto estéril (SIT) é uma tática de controlo ecológica para a gestão de determinadas pragas de insectos.

Baseia-se na criação em massa do inseto alvo, na esterilização do sexo masculino utilizando radiação ionizante e na libertação dos machos estéreis na área alvo, onde acasalarão com fêmeas selvagens virgens e transferirão o seu esperma estéril, o que resulta em ovos inviáveis [229].

Libertações sucessivas, regulares e sustentadas de insectos estéreis reduzirão gradualmente a densidade da população-alvo para um nível muito baixo e economicamente aceitável e, em alguns casos, a erradicação poderá ser alcançada [229].

O SIT provou ser muito eficaz para a supressão, contenção, prevenção ou erradicação de várias espécies de moscas da fruta, como a mosca da fruta do Mediterrâneo, *Ceratitis capitata* (Wiedemann) no México [230], a mosca da fruta oriental, *Bactrocera dorsalis* (Hendel) na Tailândia [231], a mosca da fruta mexicana, *Anastrepha ludens* (Loew), no noroeste do México [232], a mosca do melão, *Bactrocera cucurbitae* Coquillett, nas ilhas Okinawa, Japão [233] e a mosca da fruta de Queensland, *Bactrocera tryoni* (Froggatt), no oeste da Austrália[234, 235].

Apesar dos seus muitos êxitos e do aumento das aplicações em todo o mundo, continua a ser necessário melhorar vários aspectos do pacote SIT para certas espécies de insectos pragas. O SIT requer não só a capacidade de produzir grandes quantidades de insectos a um custo razoável, mas a massa produzida deve apresentar um repertório comportamental que permita aos machos estéreis libertados competir com os machos selvagens pelas fêmeas selvagens, transferir o seu esperma estéril e induzir a esterilidade na população alvo.

O desenvolvimento e a aplicação do SIT como parte das estratégias de gestão integrada de pragas em toda a área (AW-IPM) [236], contra B. oleae, tem um grande potencial, tendo em conta as grandes perdas económicas que causa.

Além disso, devido ao carácter monófago desta praga, que limita muito a sua distribuição, a probabilidade de sucesso da aplicação dos SIT contra esta praga é considerada elevada. No entanto, a principal limitação para o sucesso e eficácia da sua aplicação continua a ser a falta de métodos eficazes de criação em massa desta espécie.

O principal obstáculo à utilização do SIT contra B. oleae é a falta de consistência na produção de um grande número de moscas. Os desafios não incluem apenas a adaptação das moscas selvagens a um ambiente artificial de laboratório[237], mas também o desenvolvimento de sistemas eficientes de recolha de ovos utilizando dispositivos artificiais, o cultivo proficiente de larvas em dietas artificiais e a recuperação adequada das pupas.

No que diz respeito aos substratos de oviposição, a prática comum tem sido a utilização de cúpulas de parafina que eram trocadas diariamente ou, por vezes, a intervalos mais longos [238-241], superfície lisa ou gaze de nylon revestida de parafina [242] e gaze de nylon [243].

No entanto, todos estes métodos são trabalhosos e o número de ovos obtidos e a sua percentagem de eclosão não foram satisfatórios. A produção de um grande número de moscas da oliveira, necessária para a aplicação do SIT, exigiu, por conseguinte, o desenvolvimento de um melhor sistema de recolha de adultos e de ovos. O objetivo deste estudo foi avaliar as melhorias no sistema de recolha de ovos da mosca da azeitona.

Bactrocera oleae (mosca da azeitona) - Controlo

A mosca da azeitona é tratada com recurso a vários métodos - químicos, biológicos, etc. Mas o que é de grande importância para o controlo adequado da mosca da azeitona é a monitorização da variação das suas populações com armadilhas e, consequentemente, a avaliação do momento mais adequado para a intervenção.

Controlo cultural

O saneamento do campo é um passo fundamental na prevenção de surtos da mosca da azeitona. Quaisquer frutos que permaneçam no campo (na árvore ou no solo) podem conter ovos ou larvas, contribuindo para a população da mosca da azeitona. A pulverização com isco é outra técnica comum de controlo cultural da mosca da azeitona, em que se aplicam no campo, em áreas concentradas, pulverizações atraentes contendo inseticida.

Este método é eficaz na eliminação das fêmeas da mosca da azeitona, que são atraídas por proteínas que contêm amoníaco quando se preparam para a produção de ovos.

A armadilhagem em massa é outra técnica comum. Este método também envolve atractivos químicos como os utilizados no método de pulverização, mas prende as fêmeas adultas para serem removidas.

A pulverização com isco e a armadilhagem em massa são ambas eficazes no controlo das populações de mosca da azeitona, embora a armadilhagem em massa possa ser preferida por não exigir a aplicação de produtos químicos nas próprias plantas.

Controlo biológico

Muitos insectos têm sido investigados como potenciais agentes de controlo biológico da mosca da azeitona. Daane e Johnson (2010) recomendaram um pequeno grupo de vespas braconídeas que parasitam a mosca da azeitona na sua área de distribuição nativa.

As espécies de braconídeos que parasitam a mosca da azeitona incluem *Psyttalia Iounsburyi, Psyttalia concolor, Psyttalia ponerophaga, Utetes africanus* e *Bracon celer,* com uma abundância e eficácia de parasitóides variável em diferentes localizações geográficas. *Psyttalia concolor* tem mostrado resultados mistos como organismo de controlo biológico após libertações destinadas a controlar a mosca da fruta do Mediterrâneo, *Ceratitis capitata* (Wiedemann) (vulgarmente conhecida como moscamediterrânica), na Europa, na década de 1950.

Encontram-se muitas outras vespas parasitóides nas regiões onde a mosca da azeitona é considerada uma praga, mas muitas vezes não são suficientemente abundantes para permitir o controlo.

Os insectos benéficos comuns, como os besouros joaninhas (Coccinellidae) e os crisopídeos (Chrysopidae), são ineficazes no controlo da mosca da azeitona, uma vez que estes insectos se alimentam dos estádios imaturos das pragas, que, neste caso, se encontram sequestrados nas azeitonas em desenvolvimento.

A oliveira (Olea europaea L.) é plantada em todas as regiões do globo situadas entre 30 e 45 de latitude dos dois hemisférios, nas quais se encontra entre as culturas oleaginosas mais importantes (IOOC 2010). A Espanha é o país líder na produção de azeitona, com 300 milhões de oliveiras espalhadas por 2,580 milhões de hectares (21% do total mundial e 51% do total da União Europeia). A Espanha é também o maior produtor de azeitona de mesa e de azeite, com 30 e 40% da produção, respetivamente, 80% dos quais provenientes da Andaluzia (MARM 2011). Há mais de uma centena de espécies que se alimentam ou se desenvolvem na oliveira, polifágicas, oligófagas e um pequeno grupo de espécies monófagas que representam a maior ameaça à cultura e ao seu ambiente [189, 190].

A parte colhível da cultura é o fruto e é utilizada para produzir óleo ou para consumo na mesa. Por conseguinte, embora a saúde geral da árvore seja a preocupação de qualquer bom produtor, a proteção dos frutos é uma prática de importância crítica. O fruto da oliveira é atacado por um conjunto diversificado de espécies, sendo que a espécie que representa a maior ameaça para a cultura da oliveira em toda a sua área de distribuição é a Bactrocera oleae (Diptera: Tephritidae) [189- 191].

Este tefritídeo provoca uma redução da qualidade do azeite, juntamente com uma redução do rendimento por unidade, que, em conjunto, representam cerca de 800 milhões de euros/ano, com uma despesa anual em medidas de controlo de 100 milhões de euros [192].

Foram mesmo registadas perdas de 100% de algumas variedades de mesa e até 80% do valor do óleo devido a B. oleae [193]. As fêmeas desta espécie penetram com o seu ovipositor na casca do fruto, depositando normalmente um único ovo no interior do fruto. Após a eclosão, a larva alimenta-se do mesocarpo e, quando chega ao fim do seu desenvolvimento, forma uma câmara e transforma-se em pupa no interior do fruto ou cai no solo para pupar debaixo da árvore.

Esta espécie completa entre duas e cinco gerações por ano [194, 195]. A alimentação das larvas à custa da polpa da azeitona resulta num prejuízo tanto quantitativo (ao diminuir a quantidade da colheita) como qualitativo (ao facilitar a entrada de fungos que afectam a qualidade e a estabilidade do azeite resultante) [196, 197].

A importância económica desta praga de dípteros tem levado à avaliação da maioria das ferramentas disponíveis no controlo de Teld contra B. oleae, sem resultados práticos na maioria dos casos. Atualmente, a utilização de insecticidas é a medida de controlo mais utilizada, quer através de tratamentos adulticidas com isco, quer através de tratamentos larvicidas. Outras estratégias contra *B. oleae* têm uma aplicação muito mais limitada; estas estratégias incluem a armadilhagem em massa e a pulverização preventiva com caulino (barreira física) e cobre [198- 201].

Os tratamentos insecticidas, não sendo selectivos quando aplicados em grandes áreas e em grande parte da folhagem, causam efeitos graves nos ecossistemas [202-204]. A estes efeitos junta-se a perda de eficácia devido ao desenvolvimento de resistências, nomeadamente devido à utilização repetida e abusiva de um número muito limitado de matérias activas.

Já se verificou que algumas populações de B. oleae são resistentes ao dimetoato e outros organofosforados, piretróides e, mais recentemente, ao espinosade [205, 206]. Por conseguinte, é essencial investigar o desenvolvimento de metodologias alternativas para um controlo integrado do bichado da azeitona, dando ênfase ao controlo biológico através de predadores entomófagos e parasitóides (a investigação até à data dedicou muitos esforços com poucos efeitos) ou de micróbios para explorar todo o potencial dos microrganismos entomopatogénicos. Até à data, não estão disponíveis para utilização prática estirpes de *Bacillus thuringiensis* com uma atividade inseticida adequada contra B. oleae [207].

Na ausência de doenças causadas por baculovírus e protozoários no βy do fruto da oliveira, as possibilidades de utilização de microrganismos entomopatogénicos restringem-se aos fungos entomopatogénicos, cujo modo de ação tegumentar único os coloca na vanguarda do desenvolvimento global de estratégias alternativas de controlo dos tefritídeos [208]; no entanto, a sua utilização contra B. oleae ainda não foi estudada. Além disso, existe potencial para a utilização de ascomicetes entomopatogénicos mitospóricos para o controlo de tefritídeos; não só são virulentos contra βies pré-imaginais e adultas, como também segregam novas moléculas com propriedades insecticidas naturais para o controlo de adultos [209, 210].

Os nossos estudos anteriores demonstram a utilização da atividade inseticida de uma fração proteica de *Metarhizium anisopliae* (Met.) Sorok. no controlo dos adultos do pulgão-do-mediterrâneo *Ceratitis capitata* Wiedemann (Diptera: Tephritidae) [211, 212].

No entanto, até à data, não avaliámos a possível existência de uma molécula ativa contra B. oleae. O objetivo deste estudo foi avaliar o potencial de uma estirpe do ascomiceto mitospórico *Metarhizium brunneum* (Petch) (Hypocreales: Clavicipitaceae) para infetar e suprimir B. oleae pré-imaginal e adulta, bem como avaliar a atividade inseticida do extrato bruto deste fungo contra adultos da espécie. Esta estirpe foi selecionada com base em estudos anteriores não publicados que indicam a sua elevada virulência contra *C. capitata*.

A mosca da azeitona Bactrocera oleae é um dos insectos mais graves e economicamente prejudiciais em todo o mundo, afectando a qualidade e a quantidade do azeite e das azeitonas de mesa. Pela primeira vez, foram realizados bioensaios laboratoriais para avaliar a suscetibilidade das pupas de *B. oleae* a duas espécies de nemátodos entomopatogénicos (EPN), *Steinernema arpocapsae* e *Heterorhabditis bacteriophora*. Os nemátodos testados causaram uma mortalidade pupal de 62,5% e 40,6%, respetivamente. O resultado mais notável foi obtido com *S. carpocapsae* que foi capaz de infetar 21,9% dos adultos emergidos. Uma vez que esta mosca tefritídea passa vários meses no solo como pupa, a utilização de EPNs poderia ser um método promissor para controlar esta praga.

A mosca da azeitona Bactrocera oleae é um dos insectos mais graves e economicamente prejudiciais em todo o mundo, afectando a qualidade e a quantidade do azeite e das azeitonas de mesa. Pela primeira vez, foram realizados bioensaios laboratoriais para avaliar a suscetibilidade das pupas de B. oleae a duas espécies de nemátodos entomopatogénicos (EPN), *Steinernema arpocapsae* e *Heterorhabditis bacteriophora.*

Os nemátodos testados causaram uma mortalidade pupal de 62,5% e 40,6%, respetivamente. O resultado mais notável foi obtido com *S. carpocapsae*, que foi capaz de infetar 21,9% dos adultos emergidos. Uma vez que esta mosca tefritídea passa vários meses no solo como pupa, a utilização de EPNs poderia ser um método promissor para controlar esta praga.

Controlo alternativo

1. Zeólito

A aplicação de 0,002 mm de pó de zeólito granular deu resultados encorajadores. É utilizado em dissolução de 1,5-2 %, juntamente com adesivo e cobertura por pulverização. O resultado é a criação de uma "película" protetora na superfície da oliveira que funciona como repelente da *Bactrocera oleae.* As pulverizações são repetidas pelo menos uma vez por mês.

2. Caulino

A aplicação de caulino transformado tem dado resultados encorajadores, não só na luta contra a mosca da azeitona, mas também no controlo das populações e de outros inimigos da oliveira, como *Rhynchites cribripennis, Prays oleae* e *Saissetia oleae*. A ação repelente do caulino pode ser atribuída ao impacto tropical ou visual causado pela fina membrana hidrofóbica pulverulenta de cor branca que se forma após a aplicação na oliveira. As pulverizações com caulino começam no final da primavera e repetem-se pelo menos uma vez por mês.

Controlo biológico

O inseto *Psytallia concolor* (syn. *Opius concolor)* foi testado para combater a *Bactrocera oleae* com resultados muito bons. No entanto, devido aos elevados custos de produção, não é utilizado.

(Olea europaea L.) tornou-se uma das culturas económicas mais importantes do Egipto. A sua área cultivada foi largamente expandida na última década, particularmente em novas áreas áridas recuperadas (lado ocidental do Nilo). A sua área atingiu 49000 Hectares em 2010 (produtividade = 6327 Kg/ Hectare) [212].

A oliveira está sujeita ao ataque de muitas pragas de insectos que afectam a qualidade e a quantidade da produção. Entre as espécies de pragas mais comuns estudadas no Egipto contam-se: Bactrocera oleae (Rossi), Prays oleae Bern. e Ceratitis capitata (Wied.) [212].

B. *oleae* é a principal praga que danifica a azeitona no mundo [213], bem como no Egipto [214], sendo originária dos países mediterrânicos, que possuem 98% das oliveiras cultivadas no mundo [215]. *P. oleae* é um dos insectos pragas mais importantes da oliveira no Egipto e noutros países mediterrânicos.

A traça desenvolve três gerações por ano [216]. No Egipto, a primeira geração de traças aparece em abril, a fêmea põe os seus ovos nos botões das flores e as larvas recém-nascidas alimentam-se dos botões e das flores [217].

Os bioensaios de contacto e orais com fungos revelaram que ocorreram taxas de mortalidade moderadas a elevadas para a mosca da azeitona quando os adultos foram expostos a conídios de isolados de *Mucor hiemalis, Penicillium aurantiogriseum, P. chrysogenum* e *B. bassiana* [212].

Ele também relatou que uma estirpe de *M. hiemalis* isolada de larvas de S. nonagrioides foi o fungo mais tóxico, resultando em 85,2% de mortalidade para os adultos da mosca da azeitona. *B. brongniartii* e *B. bassiana* foram os mais patogénicos para os adultos de *C. capitata*, causando 97,4 e 85,6% de mortalidade, respetivamente [212]. Os metabolitos recolhidos dos isolados de *M. hiemalis* e *P. chrysogenum* foram tóxicos para os adultos de ambas as espécies [212].

A mosca da fruta mediterrânica C. capitata (Wiedermann) e a mosca da azeitona Bactrocera oleae (Gmelin) (Diptera: Tephritidae) são dos insectos mais graves que atacam os frutos da oliveira e causam a destruição económica das oliveiras. Estas pragas eram controladas com insecticidas químicos que poluem o ambiente e provocam doenças cancerígenas, ao passo que os bioinsecticidas podem controlar estas pragas com segurança [218-220].

As estirpes de *M. anisopliae* e *Paecilomyces fumosoroseus* foram patogénicas para os adultos de *C. capitata* em bioensaios laboratoriais [212, 222], tendo sido referido que a utilização dos fungos *B. bassiana* e *B. brongniartii* foi a mais patogénica para *C. capitata*, causando 97,4 e 85,6% de mortalidade. *M. anisopliae* causou uma alta taxa de mortalidade de adultos de *C. capitata* e *B. oleae* e a taxa de larvas.

As percentagens de árvores infestadas por *P. oleae*, *C. capitata* e *B. oleae* tratadas com (B.b) e/ou (M.a) foram significativamente mais baixas do que o controlo (sem tratamento) em todos os dias pós-tratamento. No entanto, em quase todos os casos, verificou-se que a infestação de qualquer uma das três pragas foi muito menor nas árvores tratadas com (*B.b*) do que nas tratadas com (M.a) fungos.

Na quinta EL-Esraa (Nobaryia) durante a estação (2010), as percentagens de árvores infestadas por *P. oleae diminuíram* significativamente para 6±2,2, 11±3,1 e 17±4,2% nas árvores tratadas com (B.b) em comparação com 2±2,1, 22±2,3, 39±3,4 e 49±1,2 nas árvores de controlo após 20, 50, 90 e 120 dias após o tratamento, respetivamente (Quadro 3). Durante a estação (2011), os fungos (B.b) também registaram as percentagens mais baixas de árvores infestadas.

Quanto à percentagem de infestação de *P. oleae foi de* 1±2,1, 10±4,5, 16±3,4 e 22±3,5% e para *C. capitata* foi de 2±5,3, 11±4,4, 20±3,4 e 25±2,9% após 20, 50, 90 e 120 dias de tratamento. Verificou-se que a infestação com *B. oleae* foi quase idêntica aos resultados obtidos, tendo diminuído significativamente após ambos os tratamentos com fungos, em comparação com as árvores de controlo

Os resultados obtidos são semelhantes a outros estudos

realizados por [223], que constatou que a virulência de B. bassiana contra C. capitata variava entre 8 e 30%; [223] que registou uma mortalidade de 69-78% em *C. capitata*. A aplicação no terreno dos bioinsecticidas mostrou que, nas árvores de controlo, o peso estimado da produção foi de 2519±26,82 kg/Feddan. Enquanto que nas árvores tratadas com *B.b* e *M.a*, os pesos estimados dos frutos de azeitona foram 2998±34.31 e 2857±42.57 Kg/Feddan, respetivamente, durante a época de 2010.

Durante a época de 2011, as parcelas não tratadas registaram 2479±80,54 Kg/Feddan, mas o peso mostrou um aumento significativo após a aplicação de B.b e M.a. As percentagens de perda de rendimento nas árvores tratadas foram de 1,72 e 1,07% após os tratamentos com M.a na região de ElNobaryia durante as épocas de 2010 e 2011, em comparação com 8,66 e 9,57%, respetivamente, nas árvores de controlo. Estes resultados estão de acordo com [225-227], que provou que a aplicação de bio-inseticidas aumentava o rendimento e diminuía a infestação por insectos-praga. Além disso, os resultados estão de acordo com [166], que relatou que a virulência de *B. bassiana* contra *C. capitata* variava entre 8 e 30% e diminuía a infestação dos frutos de oliveira. Espin et al. [230] registaram que a mortalidade de *C. capitata* variou entre 69 e 78% após tratamentos com bioinseticidas. Espin et al. [230] referiram que a aplicação dos fungos *B. bassiana* e *B. brongniartii foi* considerada a mais patogénica para *C. capitata*, causando uma mortalidade de 97,4 e 85,6%, enquanto M. anisopliae causou uma elevada taxa de mortalidade dos adultos de *C. capitata* e *B. oleae* e a taxa de mortalidade das larvas foi de 85,2%.

No Egipto, Mohamed (2009) referiu que os fungos *Lecanicillim lecanii,* M. anisopliae e a interação entre B. bassiana e M. anisopliae são candidatos adequados para serem utilizados no controlo de *P. oleae.* [231- 233], controlaram os afídeos dos cereais com fungos entomopatogénicos. Verificaram que a infestação foi reduzida após a aplicação de fungos em condições laboratoriais e de campo. [234, 235] verificaram que os fungos reduziram as infestações por insectos de pragas da couve e do tomate em condições de laboratório e de campo.

Controlo biotécnico

1. Técnica estéril com insectos (TEI)

O método consiste em libertar adultos estéreis da mosca da azeitona com o objetivo de reduzir a sua capacidade reprodutiva numa determinada área e, assim, controlar a sua população. No entanto, devido ao comportamento de acoplamento negativo dos estéreis *Bactrocera oleae,* não é aplicável.

2. Captura de massa

O método de armadilhagem em massa tenta monitorizar, mas também controlar, as populações de *Bactrocera oleae* através de armadilhas com feromonas, armadilhas tróficas e armadilhas coloridas, que são utilizadas isoladamente ou em combinação. Este método é utilizado com resultados satisfatórios.

Controlo químico

1. Tratamentos foliares para manchas

Para pulverizações foliares, é utilizada uma substância ativa inseticida juntamente com 2-4% de atrativo trófico (proteína hidrolisada ou outro atrativo trófico), sendo pulverizados o tronco e parte da copa de cada terço da árvore.

2. Pulverização de cobertura

É utilizada uma substância ativa inseticida e toda a superfície das árvores é pulverizada.

Algumas das substâncias activas insecticidas utilizadas para controlar a Bactrocera oleae em ambos os tipos de pulverização são

- Alfa-cipermetrina (Neonicotinóide)

- *Beauveria bassiana* estirpe ATCC 74040 (Bio-inseticida)

- Estirpe de *Beauveria bassiana* (Bio-inseticida)

- Beta-ciflutrina (piretróide sintético)

- Deltametrina (piretróide sintético)

- Dimetoato (Orfanofosfato)

- Lambda-cialotrina (piretróide sintético)

- Fosmete (Orfanofosfato)

- Espinosade (Bio-inseticida)

- Tiaclopride (Neonicotinóide)

Como atractivos, são utilizadas substâncias activas insecticidas:

- Proteínas hidrolisadas

- Ureia

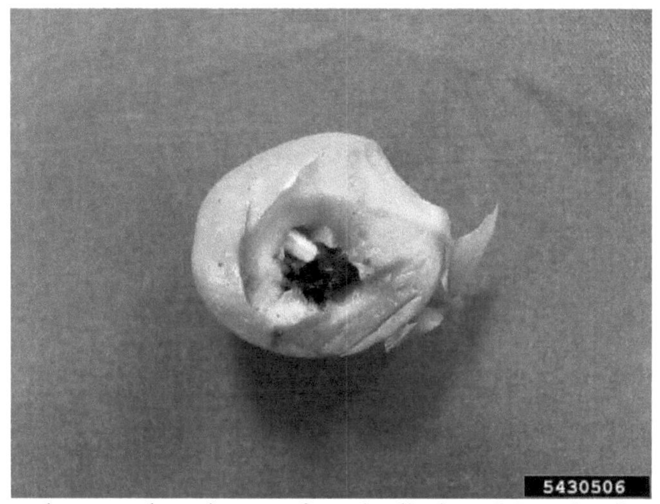

Larva da mosca da azeitona no fruto da oliveira - © Lorraine Graney, Bartlett Tree Experts, Bugwood.org

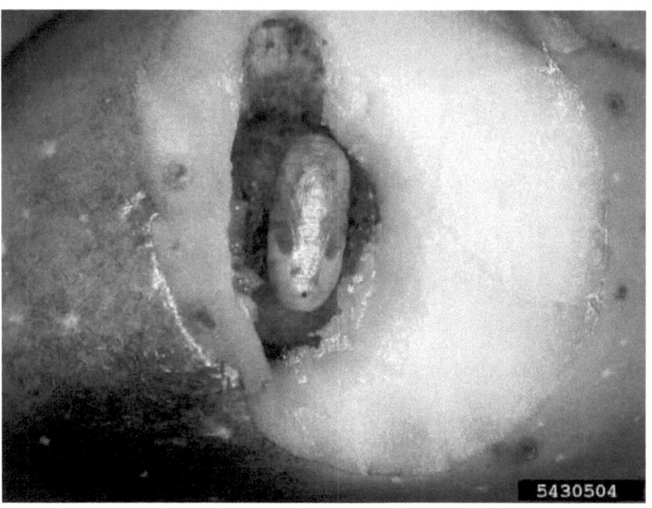

Pupa da mosca da azeitona - © Mourad Louadfel, Bugwood.org

Mosca da azeitona adulta no fruto e danos causados - © Pest and Diseases Image Library, Bugwood.org

Atrair e matar a mosca da azeitona *Bactrocera oleae* na Grécia como parte de um sistema de controlo integrado

O método "Atrair e Matar" foi avaliado durante vários anos em dois olivais para controlar a mosca da azeitona Bactrocera (Dacus) oleae. Os resultados indicaram que, em olivais isolados e em áreas onde a mosca da azeitona desenvolve densidades populacionais baixas ou médias, um dispositivo de abate por árvore, iscado com bicarbonato de amónio e feromona, tem o potencial de manter a população de mosca da azeitona e a infestação de frutos baixas.

O nível de infestação dos frutos foi semelhante ao obtido no campo de controlo, tratado pelo menos três vezes por pulverização com isco terrestre de hidrolisado de proteínas-dimetoato. Em olivais não isolados e em áreas onde a mosca da azeitona desenvolve elevadas densidades populacionais, um dispositivo de eliminação por árvore não oferece proteção adequada, sendo necessário pelo menos um tratamento por pulverização com isco terrestre, com inseticida proteico, para manter a população da mosca e a infestação dos frutos a um nível baixo.

A mosca da azeitona, Bactrocera (Dacus) oleae (Gmel.), é a praga mais grave da azeitona nos países mediterrânicos. Estima-se que as perdas económicas devidas a esta praga atinjam até 15% da cultura da azeitona, apesar de serem aplicados todos os anos tratamentos pesticidas para controlar a população de moscas.

A mosca da azeitona desenvolve duas a cinco gerações por ano. As fêmeas põem ovos no mesocarpo dos frutos da oliveira; a larva alimenta-se no fruto e pupa no fruto ou no solo. As fases larvares desenvolvem-se desde meados do verão até ao final do outono.

Nas regiões onde os frutos da oliveira permanecem nas árvores na primavera, a mosca da azeitona desenvolve uma ou duas gerações na primavera. Pode haver uma grande sobreposição de gerações devido à longevidade dos adultos e a um longo período de oviposição. O hidrolisado de proteínas, misturado com inseticidas organofosforados, em pulverizações de isco aplicadas por via aérea ou terrestre, tem sido utilizado há muitos anos contra a mosca da oliveira [206, 207].

Normalmente, podem ser necessários três a cinco tratamentos, especialmente em anos favoráveis à praga. Os danos causados pela mosca da azeitona e as suas medidas de controlo resultam em: a) redução do rendimento e da qualidade dos frutos e, consequentemente, do azeite. b) utilização de produtos químicos e de maquinaria de aplicação dispendiosos, que aumentam o custo de produção. c) utilização de produtos químicos tóxicos que criam muitos problemas ambientais.

Estas preocupações sublinharam a necessidade de métodos mais selectivos de controlo da mosca da azeitona. Assim, o desenvolvimento de tecnologias alternativas de gestão melhorada para o controlo da mosca da azeitona tem sido o objetivo de um amplo esforço de investigação desde o início da década de 1970. As tentativas de controlar a mosca da azeitona atraindo-a para dispositivos de morte foram iniciadas na década de 1960. Foram utilizadas armadilhas McPhail iscadas com uma solução de hidrolisado de proteínas para atrair as moscas para as armadilhas ([208], armadilhas visuais (cor amarela) pegajosas também foram utilizadas para controlar a mosca, [209], mas, como muitos autores sublinharam, estas armadilhas podem ser prejudiciais para os insectos benéficos que também respondem aos iscos.

[Desde que foram identificadas as feromonas da mosca da azeitona [207-211], foram desenvolvidas e testadas armadilhas com feromonas como instrumentos de monitorização e controlo [212-217].

Eficiência das armadilhas de feromonas e McPhail na monitorização da população de mosca da azeitona ao longo de toda a época de voo, numa visão global dos dados combinados obtidos com as armadilhas McPhail e de feromonas, nos cinco anos de estudo.

As capturas nas armadilhas indicaram que a população de mosca da azeitona variava ao longo das estações do ano. Na primavera (março - maio) foram capturadas mais moscas do que nos meses quentes e secos do verão. No outono, o número de capturas em ambas as armadilhas aumentou. Verificou-se que as armadilhas com feromonas eram mais eficazes na captura de machos durante a primavera e o outono (F=5,5, df=14 e F=31,8, df=26, P=0,05), enquanto que durante o verão as armadilhas McPail eram mais eficazes (F=24,7, df=26, P=0,05). Comparando o número de machos e de fêmeas capturados nas armadilhas McPhail, não se verificam diferenças significativas na primavera e no outono (F=3,2, df=14, e F=1,5, df=20, P=0,05), ao passo que no verão foram capturadas mais fêmeas (F=5,3, df=26, P=0,05). As armadilhas com feromonas capturaram muito poucas fêmeas. Atrair e matar (Markopoulo).

As capturas com armadilhas em 1992 e 1993 indicaram que a população da mosca se manteve baixa no olival "Attract and Kill", até finais de agosto, altura em que aumentou ligeiramente. Nesta região, esta é a data de aparecimento da geração mais nociva da mosca (Fig. 2A, 2B). A instalação do mesmo número de novas armadilhas nas árvores que ficaram sem armadilhas em junho resultou na diminuição da população da mosca. O mesmo desenvolvimento da população de moscas foi observado também no campo tratado com inseticida.

Este campo recebeu três pulverizações de isco com tratamentos de hidrolisado-dimetoato de proteínas por via terrestre em 1992 e duas em 1993. O número de moscas capturadas nos dois olivais não foi significativamente diferente em 1992 (F=0,21, df=74, P=0,05), enquanto em 1993 foram capturadas mais moscas no olival tratado com inseticida (F=6,71, df=74, P=0,05).

No olival tratado com inseticida, foram aplicados três tratamentos de pulverização com isco no solo em 1994 e dois em 1995 e 1996. O número médio de moscas capturadas não foi significativamente diferente em 1994 (F=1,61, df=74, P=0,05), enquanto em 1995 e 1996 foram capturadas mais moscas no olival tratado com inseticida (F=4,3, df=74 e F=5,2, df=74, P=0,05).

Número de machos e fêmeas de mosca da azeitona capturados em armadilhas com feromonas e armadilhas Mcphail. As armadilhas Mcphail foram iscadas com uma solução de carbonato de amónio a 3%.

Número médio de moscas *B. oleae* capturadas em armadilhas McPhail em pomares tratados com o inseticida "Attract and Kill" e com inseticida de pulverização com isco. As setas indicam as datas dos tratamentos [Markopoulo, 1992 (A), 1993 (B)]. Em 1994, 1995 e 1996,

onde foram utilizados os novos dispositivos de eliminação, após a instalação dos dispositivos de eliminação a população de moscas no olival "Attract and Kill" manteve-se baixa até à colheita dos frutos. 80% das azeitonas deste olival são azeitonas de mesa e são colhidas no início de outubro (azeitonas verdes).

Número médio de moscas *B. oleae* capturadas em armadilhas Mcphail em olivais tratados com o inseticida "Attract and Kill" e com inseticida pulverizado com isco. As setas indicam as datas dos tratamentos [Markopoulo 1994 (A), 1995 (B), 1996 (C)]. Infestação de frutos. A infestação dos frutos em 1992 manteve-se baixa, com 3 a 4% das azeitonas colhidas em outubro infestadas, enquanto o nível de infestação das variedades produtoras de azeite, colhidas em novembro, foi de 8%, não diferindo estatisticamente da infestação final medida no olival tratado com inseticida (Z=3,7, P=0,05).

Em 1993, um ano de baixa produção de azeitona, o nível de infestação foi relativamente elevado em ambos os campos e significativamente mais elevado no olival tratado com inseticida (Z=16,8, P=0,05) (Fig. 4). Em 1994 e 1996, anos de alta frutificação, o nível de infestação de frutos permaneceu baixo e não significativamente diferente (Z=0,2 e Z=0,9, P=0,05), em ambos os pomares "Attract and Kill" e tratados com inseticida, enquanto que em 1995, um ano de baixa frutificação, o nível de infestação foi mais elevado, na parcela tratada com inseticida (Z=16,3, P=0,05). Atrair e matar (Stylis). Em 1994, as capturas de armadilhas na primavera e no início do verão foram bastante elevadas nos pomares experimentais e nos pomares tratados com inseticida.

Nesta altura do ano, as fêmeas põem ovos inférteis e a sua contribuição para a infestação dos frutos é praticamente nula, embora a punção das fêmeas nos frutos da azeitona da variedade Amphissis tenha resultado numa infestação secundária pelo fungo. Os danos causados pela infestação secundária foram da ordem dos 58%.

A aplicação dos dispositivos de extermínio em 26 de junho, seguida da pulverização com isco aéreo de hidrolisado de proteínas e dimeato em 28 de junho em todos os olivais desta região, reduziu a população de moscas.

As capturas com a armadilha McPhail foram quase nulas no olival "Attract and Kill" de julho a outubro, quando se verificou um ligeiro aumento do número de moscas capturadas pouco antes da colheita dos frutos. Nos olivais tratados com inseticida, as capturas nas armadilhas aumentaram no final de agosto e em meados de setembro, tendo sido aplicados dois tratamentos insecticidas para manter a população de moscas baixa.

O número médio de moscas capturadas em ambos os olivais não foi significativamente diferente (F=0,5, df=70, P=0,05) Figura 4. Percentagem de frutos de oliveira infestados nos olivais tratados com o método "Atrair e Matar" e nos olivais tratados com insecticidas de pulverização com isco. As barras com a mesma letra não diferem estatisticamente entre si (teste de Duncans para intervalos múltiplos, P=0,05) (Markopoulo, Attikis, Grécia).

Em 1995, os dispositivos de eliminação foram pendurados nas árvores a 24 de junho, tendo a população de moscas permanecido baixa e aproximadamente ao mesmo nível que no pomar tratado com inseticida até meados de setembro.

A partir de meados de setembro, a mosca da azeitona desenvolveu uma população elevada nesta região, devido às condições meteorológicas favoráveis. No olival tratado com "Attract and Kill" a população de moscas aumentou, mais devido à migração das moscas.

Número médio de moscas *B. oleae* capturadas em armadilhas McPhail em olivais tratados com o inseticida "Attract and Kill" e com inseticida de pulverização de isco. As setas indicam as datas dos tratamentos.

Para proteger os frutos da oliveira dos danos, decidimos pulverizar por terra o olival "Atrair e Matar" com hidrolisado de proteínas - dimetoato - em 28 de setembro. O olival de controlo foi pulverizado quatro vezes para garantir um nível aceitável de danos nos frutos.

O número médio de moscas capturadas não foi significativamente diferente nos dois pomares (F=0,3, df=70, P=0,05). Infestação de frutos. A infestação final de frutos em 1994, nos pomares "Attract and Kill" e tratados com inseticida, foi de 7% para o "Attract and Kill" e de 4% para os pomares de controlo.

Em 1995, a infestação de frutos em ambos os pomares manteve-se baixa até setembro, começando depois a aumentar. A infestação final de frutos registada foi de 12,3% e 11,8% para os pomares "Attract and Kill" e tratados com inseticida, respetivamente.

As capturas nas armadilhas McPhail e de feromonas indicaram que os adultos da mosca da azeitona estão activos de março a dezembro. Em ambos os tipos de armadilhas, o maior número de moscas foi capturado entre setembro e dezembro, tendo sido registado outro pico de atividade de moscas todos os anos no início da primavera. A densidade populacional da mosca diminuiu entre maio e meados de agosto.

O número de machos capturados nas armadilhas com feromonas foi nulo, enquanto que nas armadilhas McPhail foram capturados poucos machos e fêmeas. As armadilhas com feromonas atraíram mais machos na primavera e no outono do que as armadilhas McPhail. No verão, foram atraídos mais machos para as armadilhas McPhail. Os nossos resultados estão de acordo com os relatados por (Ramos e Jones 1983, Montiel-Buenos 1987). Foi referido que os adultos da mosca da azeitona são sexualmente imaturos no início do verão e que os machos não respondem às armadilhas com feromonas. A maturação da mosca da azeitona depende das condições climatéricas e do estado de maturação dos frutos [213].

A maturação sexual da mosca da azeitona e a suscetibilidade dos frutos ao ataque dos ovos e ao desenvolvimento das larvas são síncronas [216, 217].

O aparecimento de capturas de machos nas armadilhas de feromonas durante o verão é uma vantagem porque proporciona um momento preciso para a aplicação de medidas de controlo. Durante este período, quase toda a população de moscas presente está sexualmente madura e, aplicando medidas de controlo, minimiza-se a possibilidade de a mosca criar uma elevada densidade populacional 232-240].

Para medir com precisão a população de moscas e definir as medidas de controlo, sugere-se que sejam utilizados os dois tipos de armadilhas, uma vez que, durante os meses de verão, quando a temperatura é elevada, a humidade relativa é baixa e os recursos alimentares disponíveis são limitados, ambos os sexos respondem melhor às armadilhas McPhail com isco alimentar do que às armadilhas com feromonas.

O método "Attract and Kill" aplicado durante cinco anos consecutivos nos olivais de Markopulo e dois anos nos olivais de Stylis indicou claramente que este método tem potencial para substituir ou reduzir substancialmente os tratamentos insecticidas para o controlo da mosca da azeitona [241, 242].

No olival de Markopoulo, que é um olival semi-isolado e em que a mosca da azeitona desenvolve uma população moderada durante o ano, um dispositivo de eliminação por árvore colocado no final de junho manteve um baixo nível de população de moscas durante toda a estação e a infestação de frutos a um nível baixo, semelhante ao obtido em olivais tratados pelo menos três vezes com inseticida.

Nos anos em que o olival de controlo foi tratado duas vezes com inseticida, o nível de infestação de frutos foi superior ao do olival "Atrair e Matar". Por outro lado, no olival experimental, onde não foram utilizados insecticidas durante cinco anos para controlar a traça da azeitona e a mosca da fruta da oliveira, o número de insectos benéficos aumentou, melhorando a capacidade de autodefesa do ecossistema da oliveira contra estas pragas e contra outras pragas, como a cochonilha negra Sassetia oleae.

5. oleae tornou-se recentemente uma praga importante, devido à utilização de insecticidas para controlar a mosca da azeitona e a traça da azeitona [243].

Percentagem de frutos de oliveira infestados em olivais tratados com o método "Atrair e Matar" e em olivais tratados com insecticidas de pulverização com isco. As barras com a mesma letra não diferem estatisticamente entre si (teste de Duncans para intervalos múltiplos P=0,05) (Stylis, Phiotidos Grécia).

Os resultados indicaram também que a população de moscas era mais elevada no olival tratado com insecticidas nos anos que se seguiram a anos de grande frutificação. Este facto é atribuído à disponibilidade de substrato ovipocional para a geração da primavera pôr ovos, porque muitos frutos permaneceram nas oliveiras após a colheita.

Os resultados obtidos no olival de Stylis, situado no meio de uma paisagem inteiramente coberta de oliveiras, onde se desenvolve normalmente uma elevada população de mosca da azeitona e onde se verifica uma migração extensiva da mosca, indicam que o método "Atrair e Matar" não é suficiente para manter a população de moscas e a infestação de frutos num nível aceitável, sendo necessárias medidas de controlo adicionais. No entanto, apesar de serem necessárias medidas de controlo adicionais, o número de tratamentos com insecticidas é substancialmente reduzido.

Os nossos resultados estão de acordo com os de outros autores, segundo os quais, em olivais isolados ou em regiões onde a mosca desenvolve baixas populações por ano, o método "Atrair e Matar" é auto-eficaz, ao passo que, em regiões onde a mosca desenvolve uma elevada densidade populacional, é necessário pelo menos um tratamento inseticida para manter baixa a infestação dos frutos [244, 245].

O problema da migração da mosca pode ser ultrapassado nos casos em que o método será aplicado em toda a paisagem, em que a presença dos dispositivos de abate entre junho e dezembro não permitirá que a mosca desenvolva uma elevada densidade populacional.

O método "Attract and Kill", em geral, apresenta certas vantagens no controlo da mosca da azeitona, uma vez que os dispositivos de eliminação são compatíveis com a aplicação de insecticidas. Trata-se de um método simples, que não requer uma formação tecnológica alargada e uma grande quantidade de conhecimentos a transmitir aos agricultores.

A adoção de uma abordagem de gestão integrada pelas autoridades estatais e pelos agricultores, bem como a sua utilização para controlar as pragas da oliveira e substituir os insecticidas, depende da disponibilidade comercial dos dispositivos de eliminação, dos atractivos utilizados e da preocupação das autoridades com a proteção do ambiente e a melhoria da qualidade dos produtos oleícolas.

A quantidade de informação disponível indica que a substituição de insecticidas tóxicos por métodos ambientalmente seguros para controlar a praga da oliveira é agora possível.

As etapas mais importantes da gestão integrada na luta contra a mosca da azeitona

1. Operações agrícolas: A lavoura após a colheita é um fator útil para eliminar uma elevada percentagem de virgens invernantes no solo.

2. Recolher e destruir os frutos caídos durante a estação e antes da colheita

3. Cultivo de plantas armadilhas: Variedades que atraem as pragas. Ao estabelecer um olival, é preferível plantar cultivares preferidas para a mosca, como Al-Duaibaly, Al-Qaisi, Al-Jalt e Al-Masabi, a uma taxa de 5%, a fim de proteger a variedade dominante, uma vez que esta é infetada primeiro, e aplicar pulverizações parciais no momento adequado.

4. Monitorização e acompanhamento dos estádios dos insectos adultos para conhecer a data de início da emergência dos adultos na primeira geração (no início da estação) e para conhecer a evolução dos números da comunidade de insectos durante a estação, utilizando:

Utiliza-se a uma taxa de 2-3 armadilhas por hectare. A disseminação e a suspensão das armadilhas com feromonas começam no início de maio nas zonas costeiras e em junho nas regiões do interior, pouco antes das datas de suspensão das armadilhas com atractivos (McPhail) e funcionam para atrair principalmente os machos.

Armadilhas plásticas de atração (semelhantes às armadilhas McPhail), fixadas a uma taxa de 3-5 armadilhas/ha e utilizando hidrolisado de proteínas a uma concentração de

1-   3% ou fosfato diamónico numa concentração de 1-3% como atrativo e de acordo com as instruções técnicas contidas no boletim técnico, a partir do início de maio Nas zonas costeiras e nas zonas interiores tardias, estas armadilhas atraem tanto machos como fêmeas.

5- Caça colectiva (quantitativa) com armadilhas atractivas, método que permite controlar toda a comunidade de insectos e reduzir o seu número ao mínimo possível, através da suspensão de um certo número de armadilhas diferentes por unidade de superfície. As armadilhas atractivas são utilizadas distribuindo-as com densidades adequadas nos olivais

Modo de utilização:

Quando se inicia a atividade de captura dos insectos inteiros nas armadilhas com feromonas, as armadilhas alimentares ou olfactivas começam a ser suspensas em grande número, à razão de 5 armadilhas / dunum, sem colocar uma armadilha em cada árvore na vizinhança do campo. 10 armadilhas por dunum ou à razão de uma armadilha por cada oliveira dentro do campo, e duas armadilhas por cada árvore na vizinhança do campo em caso de grande número.

- Monitorização semanal destas armadilhas para conhecer o conteúdo das moscas capturadas. Os dados de pesca são registados num registo especial para cada campo, e a solução é mudada de duas em duas

semanas.

- Notas:

• Os frutos são colhidos periodicamente e testados para garantir a eficácia da pesca colectiva da forma a seguir descrita, a partir do início de junho nas zonas costeiras e do início de julho nas zonas interiores.

• Quando a infestação excede o limiar económico abaixo indicado, é tomada uma decisão de controlo parcial ou total, consoante o caso, em coordenação com a Direção de Proteção das Plantas.

• Este método deve ser aplicado em grandes áreas, uma vez que o seu efeito é limitado e pode mesmo ser negativo no caso de uma aplicação individual ou de uma utilização num único pomar em grandes áreas de oliveiras afectadas.

• Monitorização do estádio de larva: é feita através do exame de 100 frutos de oliveira (como mencionado no parágrafo de definições abaixo), sendo os estádios da mosca calculados e comparados com o limiar económico da seguinte forma

- 3% de larvas vivas de variedades de decapagem

- 7% a 8% de larvas vivas no período de gestação das variedades de duplo propósito.

. Controlo químico: Existem dois métodos, que são a pulverização parcial ou a pulverização total, e qualquer um deles é determinado em função da percentagem e do tipo de fases presentes, de acordo com o seguinte

- A pulverização parcial consiste em pulverizar uma parte da árvore com um isco venenoso (ou seja, um atrativo misturado com uma substância tóxica) dirigido contra todo o inseto da mosca e o seu momento é determinado pela presença de uma percentagem para as seguintes fases: o fim da terceira fase da vida larvar e pupal com a presença de todos os insectos, e é feita da seguinte forma

• Pulverização de uma parte da árvore com uma área determinada pela natureza do gosto, o tamanho da árvore e a gravidade da infeção.

• Pulverizar uma árvore inteira e deixar duas árvores sem pulverizar ou pulverizar uma fila inteira de árvores e deixar duas filas adjacentes sem pulverizar.

• A pulverização parcial é efectuada quando as seguintes condições são cumpridas: A presença dos seguintes instares vivos (uma larva de terceiro instar com 5-8 mm de comprimento + uma virgem dentro da amostra de fruta com pelo menos 70% do total de instares.

$$Partial\ spraying = \frac{3rd\ age\ larva + pupae}{Total\ number\ of\ phases} \times 100$$

2- A taxa de atração das armadilhas de observação McPhail não excede, no máximo, 35 insectos/armadilha/semana.

3- Disponibilidade de temperatura e humidade adequadas à atividade do inseto e à sua reprodução.

Pulverização completa: Consiste em pulverizar todas as árvores com uma solução do pesticida, cobrindo completamente a copa da árvore. Esta pulverização é efectuada nas seguintes condições combinadas:

1- A infestação atingiu o limiar económico da mosca da azeitona ou ultrapassou-o. Este limiar varia consoante a variedade dominante, tendo sido determinado da seguinte forma

Infestação de 3% de pequenas larvas vivas (primeira, segunda e início da terceira idade) para as variedades de decapagem e de mesa, ou infestação de 7-8% de pequenas larvas vivas nas variedades de óleo, desde que mais de 70% do total de instares vivos no interior dos frutos sejam ainda jovens (larva com um comprimento de 1 a 5 mm)

Isto está de acordo com a equação:

$$\text{Full spray} = \frac{(1 \text{ to } 5 \text{ mm long larva})}{\text{Total number of phases}} \times 100$$

2- Baixa temperatura.

3- A presença de condições climáticas adequadas para o desenvolvimento da praga.

4- Utilizar um inseticida eficaz que seja mais seguro do que os disponíveis

5- A carga das árvores deve ser boa ou média

6- A firmeza é necessária em grandes áreas em grandes áreas.

7- A pulverização completa deve ser excecional.

8- Devem ser redigidas as seguintes informações: os motivos do controlo, a a área afetada, a área controlada, as variedades, os locais, a qualidade da carga, os materiais utilizados, a taxa de utilização, a percentagem de infeção, a percentagem de morte, etc.

9- O período de segurança após a pulverização deve ser respeitado de acordo com o pesticida utilizado e o tempo de controlo, e seguindo as instruções da rotulagem técnica e da publicação do pesticida.

Manutenção dos inimigos vitais dos olivais na Síria, os mais importantes dos quais são

Opius concolor , (Braconidae), *Eupelmus urozonus* Dalm,(Eupelmidae), Eurytoma martellii, Domenichini (Eurytomidae) ,Pnigalio mediterraneus Ferr , & Del (Eulophidae)

Para tal, é necessário limitar a utilização indiscriminada de pesticidas e utilizá-los apenas quando necessário, em conformidade com o acima exposto.

Recomendações gerais:

a. Verificar as armadilhas de feromonas e de atração alimentar pelo menos uma vez por semana, a partir do momento em que se nota a atividade sexual do inseto na primavera e antes de os frutos da oliveira atingirem o tamanho adequado para a postura dos ovos. O piso pegajoso é substituído mensalmente ou quando fica sujo de pó ou folhas

B. As armadilhas com feromonas podem ser utilizadas em conjunto com as armadilhas com atractivos alimentares para combater a mosca através da caça por agregação, tal como indicado por alguns estudos e aplicações no terreno, mas, neste caso, as armadilhas com feromonas não são utilizadas em grande intensidade porque podem funcionar como uma espécie de perturbação.

c. Substituir o pavimento adesivo mensalmente ou sempre que este fique sujo com pó ou restos de folhas.

Armazenamento do isco ou da cápsula:

• Conservar em recipientes de laboratório originais e fechados, num local fresco (20°C no máximo) para armazenamento a curto prazo (alguns dias).

• Conservar no frigorífico ou no congelador para a conservação anual e definitivamente no congelador (-18) para a conservação

Utilização de atractivos alimentares no controlo da mosca da azeitona:

Biofosfato de amónio:

Composição Biofosfato de amónio 98% (Di-hidrogenofosfato de amónio)

Proporção de solução: A substância é diluída com água a uma taxa de 1 g / 100 ml da substância a uma taxa de 1%, e a solução é colocada dentro da armadilha numa quantidade de cerca de 200 ml / armadilha, tendo em conta que a armadilha não é contaminada a partir do exterior ou quaisquer gotas da solução derramadas fora da armadilha.

Modo de utilização:

Depois de encher as armadilhas McPhail com uma solução da substância, esta é fixada à árvore ao nível da cabeça, no meio do campo.

A distância entre a armadilha e a outra: pelo menos 50 m para o acompanhamento e 30 m para o controlo da caça em grupo.

Número de armadilhas: Uma armadilha por hectare nos pequenos campos, à razão de uma armadilha por 3 hectares nos grandes campos.

Nota: A solução de atração é mudada todas as semanas quando seca para assegurar a continuidade da atração.

Notas importantes:

1. Não é possível estabelecer uma relação matemática entre o número de moscas da oliveira capturadas e a percentagem de frutos infestados no campo.

2. O tipo de fruto, o tamanho e a idade do fruto, a temperatura no campo, são todos factores básicos que determinam a taxa de infestação da mosca da azeitona.

3. Deve ter-se em conta que as azeitonas de regadio são mais afectadas pela mosca da azeitona do que as azeitonas de sequeiro.

4. A agregação da mosca da azeitona é bem sucedida quando as populações de moscas são reduzidas ou quando este método é aplicado em grandes áreas, uma vez que o seu efeito é limitado e pode mesmo ser negativo em caso de aplicação individual ou de utilização num único pomar, em grandes áreas de azeitonas infectadas.

5. As armadilhas alimentares são mais eficazes do que as armadilhas com feromonas quando se pretende utilizá-las para a caça em grupo da mosca da azeitona, porque a captura das armadilhas com feromonas está ligada ao período e às horas em que as moscas estão prontas para acasalar, enquanto o isco alimentar as atrai quando estão prontas para começar a alimentar-se e a atacar os frutos, sendo, portanto, o período mais importante e económico da vida do inseto Agricultura, o que significa uma maior capacidade de as caçar durante todo o dia e na maioria dos dias da estação.

6. As armadilhas para a mosca da azeitona são muito importantes para conhecer o grau de desenvolvimento do número e dos grupos de mosca da azeitona no campo, bem como para conhecer o sucesso do

processo de controlo (especialmente quando aplicado a grandes áreas)

7. As armadilhas McPhail enxertadas com biofosfato de amónio são as mais capazes de detetar o início do aparecimento da mosca da azeitona no campo, em comparação com as armadilhas amarelas e outros tipos de armadilhas.

8. As armadilhas amarelas continuam a ser mais fáceis de utilizar e mais simples para o agricultor, em comparação com as armadilhas McPhail, que requerem mais cuidados e controlo, e cuja solução é enchida periodicamente [246].

Tomar o controlo da decisão:

1. Os frutos são colhidos periodicamente e testados para garantir a eficácia da pesca colectiva da forma descrita abaixo, a partir do início de junho nas zonas costeiras e a partir de julho nas zonas interiores.

2. Quando a infeção ultrapassa o limiar económico abaixo indicado, é tomada uma decisão de controlo parcial ou total.

3. São colhidas amostras adequadas, examinando 100 frutos de oliveira, e a percentagem de frutos que contêm larvas vivas é calculada e comparada com o limiar económico, tal como mencionado

anteriormente [247].

Liothrips

Liothrips
Scientific classification

Kingdom:	Animalia
Phylum:	Arthropoda
Class:	Insecta
Order:	Thysanoptera
Family:	Phlaeothripidae
Subfamily:	Phlaeothripinae
Genus:	*Liothrips* Uzel, 1895

Species
Approx. 300, including: *L. brevitubus*, *L. floridensis*, *L. oleaeL. piperinus*, *L. sambuci*, *L. urichi*, *L. vaneeckei*, *L. varicornis L. wasabiae*

<table>
<tr><td>Diversity</td></tr>
<tr><td>289 species</td></tr>
</table>

Liothrips é um género de tripes com quase 300 espécies descritas.

Estão divididos em três subgéneros: *Epiliothrips* (2 espécies), *Liothrips* (262 espécies) e *Zopyrothrips* (25 espécies).

O tripes da Clidemia *Liothrips urichi* é utilizado como agente de controlo para impedir a propagação da *Clidemia hirta* no Havai.

Subgénero *Epiliothrips* Priesner, 1965

Liothrips postocularis, Liothrips willcocksi

Subgénero *Liothrips* Uzel, 1895

Liothrips aberrans, Liothrips abstrusus, Liothrips acuminatus, Liothrips adisi, Liothrips adusticornis, Liothrips aemulans, Liothrips aequilus, Liothrips aethiops, Liothrips africanus, Liothrips amabilis, Liothrips amoenus, Liothrips ampelopsidis, Liothrips ananthakrishnani, Liothrips annulifer, Liothrips anogeissi, Liothrips anonae, Liothrips antennatus Liothrips apicatus, Liothrips araliae, Liothrips arrogantis, Liothrips assimulans, Liothrips associatus, Liothrips ater, Liothrips atratus, Liothrips atricapillus, Liothrips atricolor, Liothrips avocadis, Liothrips aztecus, Liothrips baccati, Liothrips badius, Liothrips barronis, Liothrips bibbyi, Liothrips bireni, Liothrips bispinosus, Liothrips bomiensis, Liothrips bondari, Liothrips bosei, Liothrips bournieri, Liothrips bournierorum, Liothrips brasiliensis, Liothrips brevicollis, Liothrips brevicornis, Liothrips brevifemur, Liothrips brevitubus, Liothrips brevitubus, Liothrips brevitubus, Liothrips buffae, Liothrips capnodes, Liothrips caryae, Liothrips castaneae, Liothrips cecidii, Liothrips champakae, Liothrips chavicae, Liothrips chinensis, Liothrips citricornis, Liothrips citricornis, Liothrips clarus, Liothrips cognatus, Liothrips

colimae, Liothrips collustratus, Liothrips condei, Liothrips confusus, Liothrips convergens, Liothrips cordiae, Liothrips corni, Liothrips crassipes, Liothrips cunctans, Liothrips cuspidatae, Liothrips debilis, Liothrips dentifer, Liothrips devriesi, Liothrips didymopanicis, Liothrips digressus, Liothrips dissochaetae, Liothrips distinctus, Liothrips diwasabiae, Liothrips dumosus, Liothrips dux, Liothrips elaeocarpi, Liothrips elatostemae, Liothrips emulatus, Liothrips epacrus, Liothrips epimeralis, Liothrips eremicus, Liothrips errabundus, Liothrips euryae, Liothrips exiguus, Liothrips exilis, Liothrips fagraeae, Liothrips flavescens, Liothrips flavipes, Liothrips flavitibia, Liothrips floridensis, Liothrips fluggeae, Liothrips fragilis, Liothrips fraudulentas, Liothrips fulmekianus, Liothrips fumicornis, Liothrips fungi, Liothrips furvus, Liothrips fuscus, Liothrips gaviotae, Liothrips genualis, Liothrips glycinicola, Liothrips gymnosporiae, Liothrips gynopogoni, Liothrips hagai, Liothrips heptapleurinus, Liothrips himalayanus, Liothrips horutonoki, Liothrips hyalinipennis, Liothrips ilex, Liothrips indicus, Liothrips infrequens, Liothrips inquilinus, Liothrips insidiosus, Liothrips interlocatus, Liothrips invisus, Liothrips jakhontovi, Liothrips jazykovi, Liothrips jogensis, Liothrips kannani, Liothrips karnyi, Liothrips kingi, Liothrips kolliensis, Liothrips kurosawai, Liothrips kusunoki, Liothrips kuwanai, Liothrips kuwayamai, Liothrips laingi, Liothrips laureli, Liothrips lepidus, Liothrips leucopus, Liothrips litsaeae, Liothrips longiceps, Liothrips longicornis, Liothrips longitubus, Liothrips loranthi, Liothrips luzonensis, Liothrips macgregori, Liothrips machilus, Liothrips major, Liothrips malabaricus, Liothrips matudai, Liothrips mayumi, Liothrips melanarius, Liothrips mendesi, Liothrips mexicanus, Liothrips mikaniae, Liothrips miniati, Liothrips minys, Liothrips mirabilis, Liothrips miyatakei, Liothrips miyazakii, Liothrips mohanrami, Liothrips monae, Liothrips monoensis, Liothrips monsterae, Liothrips montanus, Liothrips morindae, Liothrips morulus, Liothrips moultoni, Liothrips mucronis, Liothrips muralii, Liothrips muscorum, Liothrips nanus, Liothrips neosmerinthi, Liothrips nigriculus, Liothrips nubilis, Liothrips obscurus, Liothrips ocellatus, Liothrips oculatus, Liothrips oleae, Liothrips omphalopinus, Liothrips orchidis, Liothrips palasae, Liothrips pallicornis, Liothrips pallicrus, Liothrips pallipes, Liothrips parcus, Liothrips penetralis, Liothrips perandaphaga, Liothrips perseae, Liothrips peruviensis, Liothrips piger, Liothrips piperinus, Liothrips pistaciae, Liothrips polybotryae, Liothrips polyosminus, Liothrips praelongus, Liothrips pragensis, Liothrips priesneri, Liothrips pruni, Liothrips querci, Liothrips ramakrishnae, Liothrips raoensis, Liothrips rectigenis, Liothrips renukae, Liothrips retrofracti, Liothrips retusus, Liothrips reynvaanae, Liothrips rhaphidophorae, Liothrips rohdeae, Liothrips rostratas, Liothrips rubiae, Liothrips russelli, Liothrips salti, Liothrips sambuci, Liothrips sangali, Liothrips sanxianensis, Liothrips sarmentosi, Liothrips satanas, Liothrips scotti, Liothrips seshadrii, Liothrips seticollis, Liothrips setinodis, Liothrips shii, Liothrips shishiudo,

Liothrips sibajakensis, Liothrips silvestrii, Liothrips similis, Liothrips sinarundinariae, Liothrips smeeanus, Liothrips soembanus, Liothrips soror, Liothrips striaticeps, Liothrips styracinus, Liothrips suavis, Liothrips sulcifrons, Liothrips tabascensis, Liothrips takahashii, Liothrips tandiliensis, Liothrips tarsidens, Liothrips tenuicornis, Liothrips tenuis, Liothrips terminaliae, Liothrips tersus, Liothrips tertius, Liothrips tessariae, Liothrips tibialis, Liothrips tridentatus, Liothrips tropicus, Liothrips tsutsumii, Liothrips tupac, Liothrips turkestanicus, Liothrips umbripennis, Liothrips unicolor, Liothrips urichi, Liothrips usitatus, Liothrips vaneeckei, Liothrips variabilis, Liothrips varicornis, Liothrips vernoniae, Liothrips versicolor, Liothrips Vichitravarna, Liothrips vigilax, Liothrips wangjinensis, Liothrips wasabiae, Liothrips wittmeri, Liothrips xanthocerus, Liothrips zeteki

Subgénero *Zopyrothrips* Priesner, 1968

Liothrips astutus, Liothrips claripennis, Liothrips comparandus, Liothrips extractus, Liothrips fumipennis, Liothrips heptapleuri, Liothrips heptapleuricola, Liothrips ingratus, Liothrips jacobsoni, Liothrips latro, Liothrips litoralis, Liothrips macropanacis, Liothrips maximus, Liothrips nervisequus, Liothrips nigripes, Liothrips praetermissus, Liothrips racemosae, Liothrips schefflerae, Liothrips simillimus, Liothrips sordidus, Liothrips spectabilis, Liothrips taurus,

Liothrips tetrastigmae, Liothrips viticola, Liothrips

vitivorus

Azeitonas infestadas de *Liothrips*

O Liothrips oleae (Costa, 1857) é normalmente considerado uma praga secundária em muitas zonas olivícolas [248, 149], tendo raramente sido considerado prejudicial para as estruturas vegetativas (folhas e rebentos) e reprodutivas (drupas) das plantas. A distribuição geográfica da espécie abrange os países da região mediterrânica, incluindo os da costa europeia e os do norte de África, onde a cultura da oliveira está largamente desenvolvida e as espécies vegetais do género *Olea* são nativas. Além disso, *L. oleae* foi também registada na Polónia [**250**] e no Iémen [**251**].

Foram registados relatos de infestações graves de tripes em culturas especializadas de oliveiras na região da Calábria, no sul de Itália [**252**], entre o final da primavera e o meio do verão de 2017 e nos anos seguintes, sempre no mesmo período sazonal. Amostras de partes de plantas de oliveira (rebentos e drupas com sintomas evidentes de ataques de tripes), bem como espécimes (principalmente adultos), foram enviadas para a Secção de Entomologia do Departamento de Agricultura da Universidade Mediterrânica de Reggio Calabria. O resultado foi a identificação da espécie responsável, *Liothrips oleae* (Costa, 1857), um filoplano pertencente à ordem dos Thysanoptera. Verificou-se que *L. oleae afecta* exclusivamente plantas do género *Olea*. De um modo geral, algumas espécies do género *Liothrips* foram estudadas pelo seu papel potencial no controlo biológico, por exemplo, *Liothrips tractabilis* [**253**], que foi registada num programa de controlo de ervas invasoras [**254**], e pelo papel que desempenham na danificação da estrutura vegetativa e na modificação da arquitetura das plantas [**255, 256**].

Priesner [257] incluiu as espécies no género *Liothrips*, enquanto Uzel [258] e Mound [259] reconheceram o sinónimo de *Leurothrips linearis* que Bagnall descreveu em 1908 [260] com *L. oleae*. O género *Liothrips* está entre os maiores da ordem Thysanoptera, incluindo aproximadamente 230 espécies listadas, se considerarmos também as do género sinónimo *Rhynchothrips*. Neste estudo, a identificação do gênero *Liothrips* foi tratada no sentido de Stannard [261] para incluir uma ampla gama de espécies de corpo escuro com um cone sensorial no segmento antenal III e três no segmento antenal IV, o pronoto com cinco pares de cerdas principais, a basantra prosternal ausente e a maioria das cerdas do corpo longas e escuras.

O ciclo de vida da espécie coincide com o início da primavera. Normalmente, em abril, após o acasalamento, aparece um grande número de machos, enquanto as fêmeas fazem a postura durante o mês de maio. Uma fêmea põe cerca de 200 ovos, que eclodem após cerca de 15 dias. As ninfas jovens vivem gregariamente em rebentos e folhas tenras. O aparecimento dos adultos dá-se ao fim de 18-20 dias. Geralmente, a espécie tem três gerações anuais. A primeira geração adulta aparece no início de julho, e uma segunda geração de larvas em meados do mês. Os estádios imaturos são escassos de meados de agosto até ao final de setembro. As fêmeas adultas depositam os seus ovos na casca das plantas ou na parte inferior das folhas, perto da nervura principal. Os adultos hibernam nas galerias dos escolitídeos e noutros locais abrigados das árvores a partir de novembro [262,263,264]. *L. oleae* só foi observada em *Olea* spp., embora alguns adultos possam ter sido apanhados em espécies vegetais afins no interior dos olivais. Os sintomas de infestações graves nas drupas e folhas da oliveira podem ser observados desde o final da primavera até ao início do inverno.

O Liothrips oleae é amplamente difundido, e os antagonistas naturais podem controlar as suas possíveis infestações [265]. Entre seus inimigos naturais, Silvestri [266] relatou um Cecidomyiid não identificado, o Eulophid *Tetrastichus gentilei* (del Guercio), que às vezes parasita até 75% das larvas e completa seu ciclo de vida em aproximadamente 20 dias, bem como um Anthocorid *(Ectemnus reduvinus,* H.-S.), incluindo suas ninfas e, em menor grau, seus adultos, que destroem grandes quantidades de tripes [265].

Em relação à nova emergência fitossanitária nas culturas de oliveira do Sul de Itália, foram realizadas investigações para quantificar os possíveis factores que levam esta praga secundária a atuar como um inseto parasita chave. O objetivo deste estudo foi determinar os danos causados pelos tripes em diferentes partes da planta da oliveira e avaliar os seus danos de acordo com sintomas específicos avaliáveis que caracterizam a atividade alimentar dos herbívoros. Além disso, utilizámos um método comparativo para avaliar a forma como a gestão fitossanitária (orgânica vs. integrada) pode afetar os danos causados às drupas de oliveira pelo *Liothrips oleae.*

A identificação morfológica das espécies foi efectuada utilizando as chaves de identificação de Mound e Kibby [267], Marullo [268] e ThripsID [269].

A preparação de lâminas de espécimes adultos de ambos os sexos baseou-se nos métodos registados de Mound e Marullo [270] e Marullo [268]. Os espécimes de controlo foram depositados no Dipartimento di

Agraria, Università degli Studi *Mediterránea,* Reggio Calabria, Itália.

Identificação molecular dos espécimes adultos de L. oleae do Sul de Itália Extração de ADN, amplificação e sequenciação

Foram colhidas amostras de espécimes adultos de *L. oleae* (20 por cada olival) nas oliveiras dos locais de monitorização, que foram armazenadas individualmente em tubos Eppendorf com etanol absoluto a -20 °C. Em vez de triturar os espécimes, o ADN genómico total foi extraído utilizando um método não destrutivo baseado na protease K de Chelex [**271**]. A extração de ADN foi efectuada em insectos individuais, incubados em 5 µL de proteinase K (20 mg/mL) e 80 µL de suspensão Chelex 100 a 5% a 55 °C durante 1 h. A proteinase K foi então inactivada a 100 °C durante 8 min. O sobrenadante contendo o ADN foi removido por centrifugação e armazenado a -20 °C. Foram sequenciados três genes: a subunidade I do citocromo c oxidase mitocondrial (COI) e duas regiões ribossómicas nucleares, nomeadamente o segmento de expansão D2 da subunidade ribossómica 28S (28S-D2) e o espaçador interno transcrito 2 (ITS2).

A reação em cadeia da polimerase (PCR) foi utilizada para amplificar um fragmento do COI mitocondrial utilizando os iniciadores HCO-2198 forward (5'- TAAACTTCAGGGTGACCAAAAAATCA-S') e LCO-1490 reverse (5'- GGTCAACAAATCATAAAGATATTGG-3') [**272**] e um fragmento longo de ADN ribossómico ITS2 e 28S-D2 utilizando primers universais ITS2 forward (5'- TGTCAACTGCAGGACACATG -3') e D2R reverse (5'- TTGGTCCGTGTTTCAAGACGGG -3') [**273**].

Para os fragmentos COI (~700 pb), ITS2 e 28S-D2 (~1200 pb), a amplificação por PCR foi efectuada num termociclador Mastercycler®

Nexus X2 Series, utilizando volumes de reação de 20 µL, constituídos por 1 × tampão de PCR Promega (contendo MgCl$_2$), 0.2 mM de cada dNTP, 0,25 µM de cada iniciador, 10 mg/mL de albumina de soro bovino, 1,5 unidades de *GoTaq G2* DNA polimerase (Promega Italia, Milão, Itália) e 2 µL de ADN modelo. As condições do termociclador foram as seguintes: Desnaturação inicial a 95 °C durante 1 min, seguida de 40 ciclos a 94 °C durante 30 s, 48 °C durante 90 s, 72 °C durante 1 min e uma extensão final a 72 °C durante 7 min. As condições do termociclador para ITS2-28S-D2 foram as seguintes: desnaturação inicial a 93 °C durante 5 minutos, seguida de 34 ciclos a 93 °C durante 15 s, 48 °C durante 45 s, 72 °C durante 45 s e uma extensão final a 72 °C durante 7 minutos. A concentração das amostras de ADN foi determinada por análise Nanodrop (qualitativa e quantitativa) e os produtos da PCR foram verificados num gel de agarose a 1,2% corado com GelRED® (Biotium, Fremont, CA, EUA), visualizado e fotografado sob luz UV. Todos os produtos de PCR produziram uma única banda e foram limpos utilizando o protocolo ExoSAP. Para confirmar a identidade de *L. oleae,* foi efectuada a sequenciação de Sanger em ambas as direcções através dos mesmos pares de primers utilizados para as reacções de amplificação.

Todas as sequências foram alinhadas através de corte manual no BioEdit versão 7.2.5 [**274**] e foram virtualmente traduzidas para a cadeia de aminoácidos correspondente para detetar mutações de deslocamento de estrutura e códons de paragem utilizando EMBOSS Transeq [**275**]. As sequências editadas foram comparadas com a base de dados GenBank e BOLD utilizando "BLASTn" [**276**]. No entanto, não apareceu nenhuma sequência genética de *L. oleae* nos registos de investigação (acedidos em 30 de março de 2020). Para demonstrar as diferenças genéticas COI entre *Liothrips oleae* e outras espécies de *Liothrips* (disponíveis na base de dados genéticos), foi desenvolvida uma árvore filogenética. Utilizando o Partition Finder versão 2.1.1 [274], foi identificado o modelo mais adequado e, em seguida, foi efectuada uma análise de agrupamento utilizando o método da máxima verosimilhança (ML) [277] através do MEGA versão 7 [277]. A análise de bootstrap foi efectuada com base em 1000 reamostragens. A sequência COI de *Gynaikothrips ficorum* (KX687006) foi utilizada como grupo externo.

Descrição morfológica dos espécimes de *L. oleae* do Sul de Itália

A identificação morfológica dos espécimes adultos de ambos os sexos retirados das oliveiras monitorizadas revelou que todos pertenciam à espécie de tripes *Liothrips oleae* (Costa), vulgarmente conhecida como "tripes da oliveira". Pertence à sub-ordem Tubulifera e à família Phlaeothripidae, e é comum e generalizada nas oliveiras.

Fêmea macroptera: corpo castanho-escuro, incluindo as pernas, segmentos antenais III-VI e metade basal do VII amarelos, asas anteriores claras mas ligeiramente mais escuras distalmente, cerdas principais da cabeça e do pronoto castanhas escuras, cerdas do tergito X castanhas claras. Antenas de oito segmentos, segmento III com um sentido

cone, segmento IV com três cones sensoriais, sendo todos eles sensórios emergentes e simples.

Cabeça mais comprida do que larga, sem um par de cerdas robustas no terço basal das faces; estiletes maxilares retraídos até às cerdas pós-oculares, sem ponte. Cerdas pós-oculares mais curtas do que a distância da base das cerdas ao olho, cada uma com um ápice capitado ou largamente alargado. Pronoto fracamente esculturado, com cinco pares de cerdas maiores alongadas e robustas, as posteriores mais longas que as anteriores; basantra ausente.

Metanoto com reticulações longitudinais e anastomosantes muito espaçadas. Asas anteriores com margens paralelas, com mais de 20 pares de cílios duplicados e três cerdas sub-basais robustas. Tergito I com uma pelota de forma triangular, tergitos II-VII com dois pares de cerdas curvas de retenção das asas cada, tergito IX com cerdas capitadas, tergito X completo e tão longo quanto a largura da cabeça.

Macropteras do macho: semelhantes às da fêmea; cerdas B2 do tergito IX curtas e espessadas; esternito VIII sem área glandular; aedeago com um par de cristas esclerotizadas no ápice (semelhantes a ganchos quando vistos de perfil).

Larvas

Os instares larvares I e II são esbranquiçados com olhos vermelhos. As antenas e patas escuras, a cabeça e os últimos segmentos abdominais têm uma placa escura nos lados. A pré-pupa é de cor alaranjada e todas as zonas escuras do corpo são mais pálidas nesta fase. As antenas são muito curtas. Seguem-se dois estádios ninfais alaranjados: as antenas estão viradas para trás ao longo das bochechas e os esboços das asas são bem evidentes.

Nos ecossistemas olivícolas, tal como noutros sistemas agrícolas [278,279], a destruição de predadores-chave reduziu provavelmente a supressão eficaz de outras pragas, na medida em que pode conduzir a surtos secundários. Esta hipótese, no entanto, não foi confirmada pelos dados obtidos nos olivais biológicos aqui apresentados. De facto, o herbívoro foi particularmente prejudicial para este tipo de sistema de gestão. Alguns estudos mostraram que as alterações climáticas podem ser consideradas como a causa de alterações na dinâmica das populações de espécies de tripes e de outros insectos [280, 281]. Ouyang et al. [282] sugeriram que as alterações climáticas e a intensificação agrícola do Antropoceno poderiam potencialmente induzir surtos de muitos insectos-praga, enfraquecendo a regulação da população dependente da densidade. Há que considerar outros factores, como os relacionados com variações microclimáticas específicas ou com súbitas vagas de calor ou de frio [283] que provavelmente afectaram a área e que estão a ser analisados com novas investigações.

Os resultados evidenciaram que o herbívoro analisado é capaz de danificar as drupas e as folhas ao longo de toda a copa da planta, sem revelar qualquer preferência relativamente à exposição da folhagem. É ainda de salientar que o número de drupas que caíram devido à punção por sucção do tripes foi maior nos olivais geridos em modo de produção biológico. Para não confundir os ataques às drupas com os de outros carpófagos (por exemplo, *B. oleae),* é necessária uma observação cuidadosa das drupas. No entanto, os resultados das drupas que caíram prematuramente confirmaram que os fortes ataques à folhagem (folhas e frutos) estão intimamente relacionados com a queda das drupas.

O nível de ataque às drupas e, por conseguinte, o número de punções, está negativamente relacionado com o diâmetro médio das drupas. De facto, os ataques às drupas provocaram uma paragem do seu crescimento, evidenciando como o herbívoro estudado é muito prejudicial para a oliveira. Os danos causados a vários tecidos vegetais pela atividade alimentar de espécies de tripes no pólen, nas flores, nos frutos e nas folhas variam para diferentes culturas comerciais, assim como a gama de danos e as diferenças resultantes de ataques à mesma planta em diferentes estádios de desenvolvimento [284]. A correlação entre os níveis de danos nas drupas e nas folhas sintomáticas realçou que estes herbívoros atacam folhas e drupas sintomáticas de alta densidade sem preferência.

Com o objetivo de contribuir para a correcta identificação da espécie e fornecer dados que possam constituir conhecimento útil na implementação de protocolos de intervenção, foram feitas as seguintes contribuições: A descrição das espécies com base nas características morfológicas dos adultos, a sua importância económica, a variação da sua biologia essencial e as suas relações com o maneio da olivicultura. A produção da cultura da oliveira é prejudicada por pragas que reduzem a produção e a qualidade do azeite [285], e esta espécie de tripes está a reemergir como praga primária porque a sua alimentação nas drupas determina a suberificação do mesocarpo, tornando o fruto inadequado para a moagem da azeitona e para a azeitona em conserva. Embora a informação sobre a gestão dos organismos nocivos esteja disponível em diferentes fontes, a sua identificação como *L. oleae* é difícil e requer frequentemente a consulta de um especialista.

As sequências de DNA geradas por PCR têm o potencial de serem ferramentas extremamente úteis na identificação de espécies de pragas. A caraterização molecular de *L. oleae* em três regiões genéticas distintas (i.e., COI, ITS2 e 28S) foi fornecida para apoiar a identificação morfológica.

A sequenciação dos produtos de PCR não mostrou diferenças moleculares entre as populações de tripes da oliveira recolhidas nas áreas investigadas. Tal como investigado para outras espécies de Phaleothripidae, uma curta distância geográfica não seria um fator determinante na estrutura e diversidade genética das populações [286]. Não havia dados moleculares sobre *L. oleae* disponíveis em bases de dados genéticas antes deste estudo, que associou identificações morfológicas a análises subsequentes de códigos de barras. A árvore filogenética de máxima verosimilhança baseada no gene mitocondrial revelou que *L. oleae* está bem separada de todas as outras espécies de Liothrips.

Como recentemente descrito, Marullo et al. [287] também distinguiram com sucesso algumas espécies de tripes do mesmo género com base nas sequências do gene mt-COI. Além disso, a sequenciação do gene COI permite identificar espécimes desconhecidos através da comparação da sua sequência COI, tendo sido utilizada para fins de identificação em projectos conhecidos como código de barras de espécies.

Além disso, tal como descrito por Inoue e Sakurai [288] e

Buckman et al. [289], a amplificação de fragmentos de genes mitocondriais e nucleares (ITS2 e 28S) pode revelar-se útil em estudos sobre a variabilidade genética intra e interespecífica de uma espécie e sobre as suas relações evolutivas e filogenia. Basicamente, a biodiversidade e o polimorfismo podem ser observados a partir de sequências de ADN de determinados fragmentos do genoma de um organismo [290].

Nestes dois anos de investigação, não foram encontradas provas relacionadas com a contenção desta praga. Estudos futuros terão como objetivo identificar as causas deste ressurgimento da praga e os factores de contenção da espécie.

O psilídeo da oliveira, *Euphyllura olivina*

O psilídeo da oliveira, *Euphyllura olivina* (Costa), pertence à superfamília Psylloidea, que é constituída por seis famílias. Como o seu nome comum sugere, o psilídeo da oliveira encontra-se na família Psyllidae, que contém mais de 100 géneros [291].

Os psilídeos são frequentemente designados por piolhos saltadores devido aos seus movimentos rápidos de salto. Os psilídeos são geralmente monófagos (alimentam-se de uma só espécie de planta) ou oligófagos (alimentam-se de plantas de uma só família) [292].

No entanto, o psilídeo da oliveira é polífago, mas só se alimenta de algumas plantas diferentes (ver secção de hospedeiros abaixo). Atualmente, o psilídeo da oliveira não se encontra na Florida, mas tem potencial para se espalhar para novos locais através da importação de oliveiras.

As ninfas e os adultos do psilídeo da oliveira produzem uma secreção branca e cerosa, que pode provocar a queda prematura das flores durante as infestações. A secreção cerosa cobre completamente as ninfas, muito provavelmente para as esconder dos predadores ou para evitar a dessecação (M.W. Johnson, comunicação pessoal). A melada, também produzida por ninfas e adultos, pode levar ao desenvolvimento de bolor fuliginoso na superfície da planta hospedeira [293].

FAsílide adulta da oliveira, *Euphyllura olivina* (Costa)

Secreções produzidas por *Euphyllura olivina* (Costa) em gomos de oliveira, *Olea europaea* L.

Distribuição

De acordo com a base de dados Psylloidea Psyl'list, o psilídeo da oliveira foi registado na maior parte das regiões olivícolas do mundo, incluindo: Argélia, Áustria, Inglaterra, França, Alemanha, Índia, Irão, Itália, Montenegro, Marrocos, Portugal, Eslovénia, Espanha, Suíça,

Tunísia e Estados Unidos [294, 295].

Foi descoberto pela primeira vez na Califórnia em julho de 2007 nos condados de San Diego e Orange [296].

Descrição

O ciclo de vida do psilídeo da oliveira dura cerca de três meses, dependendo da temperatura, com condições óptimas entre 20 e 25°C (68 e 77°F) [296]. A taxa de mortalidade aumenta a temperaturas superiores a 32,2°C (90°F). Na Califórnia, as populações de psilídeos diminuem depois de junho devido ao aumento da temperatura e só recuperam na primavera seguinte [297].

Normalmente, ocorrem anualmente três gerações de psilídeos da oliveira. A primeira geração alimenta-se como ninfas a partir de março [298]. A segunda geração começa a alimentar-se em maio, mas torna-se inativa (passando por estivação) quando as temperaturas atingem 27,2°C (81°F) [293, 298]. Os psilídeos da oliveira em estivação escondem-se em fendas do tronco da planta hospedeira [297].

Quando as temperaturas se tornam novamente óptimas, geralmente em setembro, as ninfas do psilídeo da oliveira voltam ao estado ativo [298]. A terceira geração de ninfas aparece em setembro e outubro [297].

A maioria dos psilídeos autóctones da Califórnia não são pragas para a oliveira, mas as espécies introduzidas, como o psilídeo da oliveira, tornam-se normalmente pragas [292]. Quando as ninfas e os adultos se alimentam, rompem as células vegetais e sugam a seiva da planta hospedeira, reduzindo os níveis de nutrientes que chegam a certas partes do hospedeiro. Isto só se torna um problema quando os psilídeos da oliveira se encontram nas inflorescências (cachos de flores), o que acaba por afetar a produção de frutos.

Fora dos Estados Unidos, mais de 20 ninfas por inflorescência causaram perdas de rendimento de até 60% [292]. Além disso, a acumulação de secreções cerosas dos psilídeos da oliveira pode reduzir a produção, causando a queda prematura das flores [296].

Tanto os psilídeos imaturos como os adultos da oliveira excretam melada devido à sua incapacidade de utilizar todo o açúcar e água da seiva vegetal ingerida durante a alimentação. A acumulação de melada na folhagem constitui um substrato para o desenvolvimento de bolor fuliginoso, que pode potencialmente bloquear a luz solar e inibir a fotossíntese, ou levar ao envelhecimento prematuro das folhas, provocando a sua queda [299].

A segunda geração é a que causa maiores prejuízos económicos à oliveira, pois os psilídeos imaturos estão presentes durante a produção de frutos.

Ciclo de vida e biologia

Ovos: As fêmeas de psilídeos da oliveira põem ovos em novos rebentos, folhas e botões [292, 297]. As fêmeas podem pôr até 1.000 ovos durante a sua vida [292]. Os ovos, que demoram uma a duas semanas a eclodir [298], têm uma forma oval, são amarelos claros e têm cerca de 0,3 mm de comprimento [297.

Ninfas: As ninfas têm um corpo achatado, verde-claro e branco, e olhos roxo-avermelhados. A psilídea da oliveira passa por cinco estádios ninfais (que variam entre 0,4 mm e 1,5 mm de comprimento), que duram cerca de cinco semanas até atingir a fase adulta [297, 298].

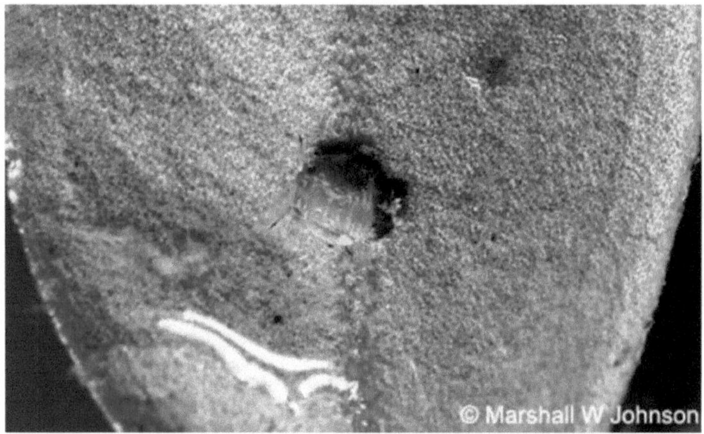

Um psilídeo da oliveira, *Euphyllura olivina* (Costa), no seu primeiro
instar numa folha de oliveira

Psilídeo da oliveira, *Euphyllura olivina* (Costa), ninfas no caule da
oliveira. Notar as secreções cerosas que cobrem o caule

Adultos: Os psilídeos adultos da oliveira são de cor verde a cinzenta com asas anteriores ligeiramente enegrecidas. Os adultos têm cerca de 2,0 a 2,5 mm de comprimento [297]. Os machos adultos vivem entre 24 e 44 dias e as fêmeas entre 26 e 50 dias [295].

Anfitriões

O psilídeo da oliveira alimenta-se de azeitona russa *(Elaeagnus angustifolia* L.), azeitona verde *(Phillyrea Iatifolia* L.) e azeitona *(Olea europaea* L.) [293]. Num estudo que comparou as variedades Haouzia, Arbequina, Manzanilla e Picholine Marocaine e que foi publicado no Jornal Oficial do Conselho Oleícola Internacional, os cientistas descobriram que os psilídeos da oliveira têm desempenhos diferentes nas diferentes variedades de oliveira. A taxa de sucesso do desenvolvimento de psilídeos da oliveira foi mais elevada na variedade Haouzia [296]. Além disso, os psilídeos da oliveira tendem a selecionar hospedeiros saudáveis em vez de hospedeiros pouco saudáveis. Um hospedeiro pouco saudável pode estar a ser infestado por outras pragas ou doenças ou pode estar num local inadequado para um crescimento ideal.

Gestão

É necessário monitorizar as plantas hospedeiras para detetar populações de psilídeos da oliveira, a fim de evitar que as infestações se estabeleçam em novos locais. Os métodos de monitorização incluem a utilização de armadilhas pegajosas, a agitação da folhagem para contar os adultos caídos e a inspeção cuidadosa das partes da planta para detetar ovos, ninfas e adultos [292].

As ventosas das plantas (rebentos) na base da árvore, se não tiverem sido removidas, devem ser inspeccionadas para detetar psilídeos da oliveira. É melhor monitorizar a primeira geração de psilídeos da oliveira, porque a redução dessa geração pode reduzir substancialmente os níveis populacionais da segunda geração. O tratamento é aconselhado se forem encontrados mais de dez psilídeos da oliveira por inflorescência [297]. Nos Estados Unidos, as infestações de psilídeos da oliveira ocorrem sobretudo em oliveiras ornamentais (Johnson 2009).

Controlo cultural: As populações de psilídeos da oliveira podem ser reduzidas através da poda. Os produtores podem podar as áreas infestadas, principalmente as ventosas, juntamente com os ramos centrais para melhorar a circulação do ar, que aumenta a exposição ao calor dos psilídeos da oliveira [292, 293].

Luta química: Os insecticidas, caso sejam necessários, devem ser utilizados antes de os psilídeos da oliveira começarem a produzir as suas secreções cerosas, que podem proporcionar proteção contra os produtos químicos [297].

Dado que as secreções complicam as estratégias de controlo, os insecticidas devem visar a primeira geração, para evitar infestações problemáticas da segunda geração [292]. Existem insecticidas de contacto não residuais que actuam contra os psilídeos, como o óleo de nim, o sabão inseticida e o óleo de horticultura [292].

Controlo biológico: Cientistas tunisinos relataram que o psilídeo da oliveira é parasitado pela vespa endoparasitária *Psyllaephagus euphyllurae* (Masi), e os seus predadores incluem um pequeno inseto pirata, *Anthocoris nemoralis* (L.), um crisopídeo, *Chrysoperla carnea* (Stephens), e um besouro, *Coccinella Septempunctata* L. *Anthocoris nemoralis* foi o predador mais abundante, representando 49% do total de inimigos naturais encontrados [300].

Nos Estados Unidos, um escaravelho chamado cochonilha destruidora *(Cryptolaemus montrouzieri),* larvas de crisopídeos verdes *(Chrysoperla rufilabris)* e algumas outras espécies de escaravelhos foram ocasionalmente encontrados em torno da psilídea da oliveira [295]. Os investigadores da Califórnia planeiam avaliar se a cochonilha destruidora e o crisopídeo verde serão capazes de controlar as infestações [293].

Traça-leopardo, *Zeuzera pyrina* (L.) (Lepidoptera: Cossidae)

É considerada uma praga pelos fruticultores, uma vez que as larvas se alimentam dos ramos de muitos tipos de árvores de fruto (ver lista abaixo). As oliveiras, em particular, são muito susceptíveis e podem ser mortas pelas larvas que nelas se enterram.

Leopard moth

Upperside

Lateral view

Scientific classification

Kingdom: Animalia

Phylum: Arthropoda

Class: Insecta

Order: Lepidoptera

Family: Cossidae

Genus: *Zeuzera*

Species: **Z. pyrina**

Binomial name

Zeuzera pyrina (Linnaeus, 1761)

Subespécie

As subespécies incluem:[ ][301]

- *Zeuzerapyrina biebingeri* W. & A. Speidel, 1986

- *Zeuzera pyrina pyrina* (Linnaeus 1761)

Zeuzera biebingeri é tratada como uma subespécie de *Z. pyrina* por algumas fontes, mas é maioritariamente tratada como uma espécie válida.[302]

Distribuição

Esta espécie pode ser encontrada principalmente na Europa (excluindo a Irlanda)[303]] mas também no norte de África (Argélia, Egipto, Líbia, Marrocos) e na Ásia (Taiwan, Índia, Irão, Iraque, Israel, Japão, Coreia, Líbano, Sri

Lanka, Síria e Turquia). Foi introduzida no nordeste dos Estados Unidos antes de 1879 e tem uma área de distribuição que se estende desde o Maine, Pensilvânia, Tennessee e Texas.[301, 304]'

Habitat

Estas traças estão associadas a bosques, jardins e pomares.[30 5]

Descrição

A Zeuzera pyrina tem uma envergadura de 35-60 mm.[305] Esta é uma espécie muito distinta. O macho é ligeiramente mais pequeno do que a fêmea. O comprimento do abdómen da fêmea é de cerca de 45-50 mm. Estas traças têm uma cabeça branca, com uma testa preta e um tórax branco muito peludo marcado com seis manchas pretas.

O abdómen é preto, com escamas brancas curtas, semelhantes a pêlos, no bordo posterior de cada segmento e uma escova plana de escamas no ápice. As asas anteriores são esbranquiçadas, longas e estreitas, com numerosas manchas negras ou manchas negras com manchas interiores brancas, dispostas em filas ao longo das nervuras. As asas posteriores são translúcidas, exceto na zona anal, com pequenas manchas negras. Para além das dimensões, os dois sexos diferem na forma das antenas, mais finas na fêmea, enquanto no macho são marcadamente bipectinadas, com exceção dos artículos terminais.

Biologia

A traça voa de junho a setembro, consoante o local. As lagartas são *xilófagas*. Alimentam-se da madeira de várias árvores de folha caduca e arbustos[305] (ver lista abaixo), alimentando-se internamente durante dois ou três anos nos caules e ramos, antes de emergirem para se transformarem em pupas sob a casca. Pode ser uma praga da produção de frutos[306].

Controlo do leopardo *Zeuzerapyrina* (L.) (Lepidoptera: Cossidae), por imidaclorpride em oliveiras.

A oliveira está sujeita ao ataque de muitas espécies de insectos que afectam a qualidade e a quantidade do rendimento. Entre as espécies de pragas mais comuns estudadas no Egipto encontra-se o leopardo *Zeuzera pyrina* (L.) (Lepidoptera: Cossidae), que é considerado uma praga grave nos olivais, causando muitos danos e perdas nas oliveiras. O imidaclopride é um dos insecticidas naturais que provocam a diminuição das infestações de muitos insectos nocivos.

O efeito do imidaclopride foi testado em condições laboratoriais e de campo contra *Z. pyrina*. Os resultados mostraram que a LC50 do imidaclopride registou 120 ppm quando *Z. pyrina* foi tratada com diferentes concentrações. Quando o nano imidaclorpride foi aplicado nas pragas-alvo, o LC50 registou 47 ppm.

Em condições de campo, as infestações diminuíram significativamente para 23±8,9 e 13±2,1 indivíduos após o tratamento com imidaclopride em Ebn Malek e Ismailia, respetivamente. Nos mesmos locais, a aplicação de nanoimidaclopride mostrou uma diminuição significativa das infestações de pragas para 15±5,1 e 6±6,6 larvas, em comparação com 95±1,9 e 96±3,4 larvas no controlo. Os pesos dos rendimentos em ambas as regiões aumentaram significativamente em resultado das aplicações de nano imidaclopride.

nemátodos entomopatogénicos *Heterorhabditis bacteriophora* e *Steinernema carpocapsae* para o controlo da broca da traça-do-leopardo *Zeuzera pyrina*

As características biológicas dos nemátodos entomopatogénicos (EPN), *Steinernema carpocapsae* e *Heterorhabditis bacteriophora,* contra as larvas da traça-leopardo, *Zeuzera pyrina,* foram avaliadas em laboratório. As características incluíram a patogenicidade, o potencial de penetração e o comportamento de forrageamento. Os ensaios em placa foram realizados utilizando uma gama de concentrações de EPN (5, 10, 20, 50 e 100 juvenis infecciosos (IJs) por larva). Os valores de LC_{50} para *S. carpocapsae* e *H. bacteriophora* foram de 6,4 e 8,4 IJs larva^{-1} após 72 h. Ambas as espécies de EPN causaram uma elevada mortalidade em experiências com ramos. As taxas de mortalidade significativamente mais elevadas ocorreram nas larvas maiores após a exposição a *S. carpocapsae.* Ambas as espécies de EPN penetraram com sucesso nas larvas de *Z. pyrina*, bem como nas larvas de *Galleria mellonella* L. (Lepidoptera: Galleridae). A resposta proporcional de *H. bacteriophora* a sinais associados ao hospedeiro foi fortemente superior à de *S. carpocapsae* em placas de Petri contendo ágar 1, 12 e 24 h após a aplicação de EPN. Estes resultados realçam a eficiência dos EPNs para o controlo das larvas de *Z. pyrina.* No entanto, devido ao habitat críptico das larvas de *Z. pyrina* nas suas galerias nas árvores, é necessário realizar ensaios de campo para avaliar melhor este potencial.

Broca do caroço da azeitona Prays oleella

Olive moth

Scientific classification

Kingdom:	Animalia
Phylum:	Arthropoda
Class:	Insecta
Order:	Lepidoptera
Family:	Praydidae
Genus:	*Prays*
Species:	**P. oleae**
Binomial name	
Prays oleae Bernard, 1788	
Synonyms	
• *Prays oleella* (Fabricius, 1794) • *Prays adspersella* Herrich-Schäffer, 1855	

Broca do caroço da azeitona / Prays oleae

Tem três gerações anuais, a filófaga (alimenta-se das folhas e dos rebentos), a antofágica (as larvas da praga alimentam-se das flores da oliveira) e a carpófaga (alimenta-se da semente ou da amêndoa da oliveira).

A praga é uma das mais relevantes e prejudiciais para os olivais. Durante a geração carpófaga, pode causar danos significativos nas culturas.

A Prays oleae (traça da azeitona) encontra-se no Sul da Europa (região mediterrânica) e no Norte de África.

As larvas são uma praga em Olea europaea. Outras plantas alimentares registadas incluem a Phillyrea, o jasmim e o Ligustrum. As larvas minam as folhas da sua planta hospedeira. A mina é inicialmente constituída por um corredor curto e estreito na superfície superior. Mais tarde, no início da primavera, pode abandonar esta mina e criar uma mancha irregular de profundidade total noutro local da folha, ou pode continuar o corredor até formar uma mancha. A maior parte dos resíduos é ejectada através de um orifício na mina. Parte desta borra é capturada numa fiação na parte inferior da folha.

Os adultos, que aparecem de maio a junho, depositam os seus ovos em pequenos frutos, principalmente no cálice. Quando as larvas nascem, perfuram diretamente o fruto e entram no interior da azeitona antes de o caroço endurecer.

Alimentam-se das sementes até meados de setembro, altura em que saem da azeitona. Em seguida, pupam no solo até ao final de outubro. Os novos adultos depositam os ovos nas folhas (outubro), recomeçando a geração filófaga.

Descrição

A envergadura das asas é de 11-15 milímetros ($^3/_8$-$^5/_8$ in).

As larvas são uma praga das azeitonas *(Olea europaea).* Outras plantas de alimentação registadas incluem a *Filadélfia,* o jasmim e o *Ligustrum. As larvas* minam as folhas da sua planta hospedeira, que inicialmente consiste num corredor curto e estreito na superfície superior.[30 7]

Adulto

Envergadura de 11-15 mm e comprimento do corpo de cerca de 6-7 mm. Asas anteriores cinzentas com um brilho prateado e pequenas manchas escuras dispersas. As asas posteriores são cinzentas uniformes com as margens desfiadas.

Larvas

Os últimos instares atingem 7-8 mm de comprimento. Corpo geralmente verde pálido com marcas castanhas avermelhadas na parte dorsal. Um par de linhas subdorsais irregulares castanhas a castanho-avermelhadas. A placa protorácica é verde-clara marcada de castanho-avermelhado. Os crochets das pernas abdominais estão dispostos em círculos concêntricos.

Ovos

Ca. 0,5 x 0,4 mm de tamanho. Inicialmente branco, tornando-se castanho com a idade. Coloca-se no cálice das flores (primeira geração), nos frutos em desenvolvimento (segunda geração) e nas folhas (terceira geração).

Distribuição

Europa do Sul, Médio Oriente e Norte de África.

Anfitrião(ões) económico(s)

Azeitona

SintomasZSinais

As três diferentes gerações alimentam-se de diferentes partes do seu hospedeiro. A primeira geração alimenta-se nos botões e nas flores. A segunda geração penetra nos frutos para se alimentar, provocando a queda prematura dos frutos, e a terceira geração mina as folhas, produzindo minas manchadas e tecendo as folhas com seda.

Distribuição

Esta traça encontra-se no Sul da Europa (região mediterrânica) e no Norte de África. Foi encontrada pela primeira vez na Grã-Bretanha num centro de jardinagem em Surrey, em 2009, e desde então foi encontrada numa armadilha luminosa em Kent.[30 8]

Morfologia:

O corpo da fêmea é cinzento, com cerca de 6-7 mm de comprimento, asas anteriores acinzentadas cobertas por pequenas manchas escuras dispersas, asas posteriores cinzentas com margens franjadas. As larvas são esverdeadas com manchas castanhas, com 89 mm de comprimento.

Ciclo de vida:

Os adultos da primeira geração emergem na primavera das folhas infestadas e ovipositam nos botões florais. As larvas emergentes entram nos botões para se alimentarem, destruindo assim várias flores; esta é a chamada fase antofágica. Posteriormente, formam uma teia e transformam-se em pupas. As fêmeas da segunda geração ovipositam nas azeitonas pequenas e as suas larvas entram no fruto e atacam o caroço (fase carpófaga). Estes frutos caem mais tarde e a praga torna-se pupa. Os adultos da terceira geração põem ovos nas folhas (fase filófaga) e as suas larvas alimentam-se e transformam-se em pupas no solo. Assim, as larvas de cada geração alimentam-se em diferentes partes da árvore e existe uma grande distância temporal entre a ocorrência da segunda (a mais nociva) e da terceira geração.

Resistência planta-hospedeiro

A cultivar Aglandau é resistente a *P. oleae,*. testou 20 variedades no sul da Sardenha, Itália, e constatou que, após a queda de junho, a percentagem de frutos com larvas penetrando na polpa variava de 4 a 48%, dependendo da cultivar. As cultivares Palma, Corsicana da Olio, Sivigliana da Olio, Olieddu e Bosana apresentaram menos de 10% de frutos com larvas. A queda adicional de frutos no outono causada pela praga variou entre as cultivares de 0,2 (Palma) a 37% (Pizz'e Carroga). O índice de redução (a relação entre a percentagem de frutos infestados no final de junho e a percentagem de frutos infestados caídos no outono) foi negativamente correlacionado com o peso médio dos frutos na colheita, tendo os valores mais elevados (>5,5) sido observados principalmente nas cultivares oleaginosas. A elevada resistência encontrada em algumas cultivares com frutos pequenos, como Semidana, Palma e Bosana, deveu-se a elevados níveis de queda precoce de frutos infestados e a factores ainda não identificados que causam a mortalidade das larvas.

Gestão

Monitorização: A monitorização da atividade de voo de *P. oleae* com base em feromonas é utilizada para seguir as tendências da sua população e para decidir quando iniciar medidas de controlo.

Interrupção do acasalamento: A desregulação do acasalamento aplicada no Egipto durante três anos reduziu gradualmente, de ano para ano, as populações de traça.

Controlo biológico

Os predadores crisopídeos são os agentes mais utilizados na luta biológica. Em Portugal, verificou-se que a taxa de predação dos crisopídeos sobre os ovos de *P. oleae* variava entre as diferentes gerações da praga e em diferentes anos, atingindo 34% para a geração carpófaga em 1996. A libertação de 360 larvas de *Chrysoperla carnea* por árvore reduziu para metade os danos potenciais causados por *P. oleae*. Em Espanha, um estudo sobre um grande número de predadores revelou que as formigas tinham um efeito prejudicial no número de outros predadores. Em Marrocos, verificou-se que a taxa de parasitismo era baixa (0,12-0,36%).

Muitas vezes, *a P. oleae* tem de ser controlada com outras pragas da oliveira. Na Turquia, foram estudadas 25 espécies de pragas e 24 espécies de predadores e parasitas e concluiu-se que se tinha estabelecido um equilíbrio natural devido à ausência de tratamento químico.

Controlo feromonal

As capturas nas armadilhas com feromonas foram reduzidas até 96-100% nas parcelas com desorganização do acasalamento. Durante o primeiro ano de desativação do acasalamento, foi aplicado um tratamento com *Bacillus thuringiensis* kurstaki (Bt) para reduzir a primeira geração de larvas.

Os danos nos frutos nas parcelas com perturbação do acasalamento foram inferiores aos das parcelas com Bt, com inseticida e sem tratamento. Em anos de elevada frutificação, a proporção de danos nos frutos foi menor do que em anos de baixa frutificação. A rutura do acasalamento aplicada no mesmo olival durante vários anos reduziu progressivamente a população de *P. oleae* de ano para ano.

Controlo químico:

Os organofosforados e os compostos de *Bacillus thuringiensis* aplicados contra as larvas da fase antofágica podem proporcionar um bom controlo.

Controlo biológico: A broca é atacada por vários parasitóides. Estes incluem o parasitoide de ovos *Trichogramma evanescens* Westwood (Trichigrammatidae), que no Egipto reduziu o ataque da praga em 43-70%, e pelo poliembrião *Ageniaspis fuscicollis* (Dalman) (Encyrtidae). Em Portugal e Espanha, formigas, escaravelhos predadores e crisopídeos alimentam-se de *P. oleae*. A predação por estes últimos pode atingir 34% da geração carpófaga.

Programas IPM

A monitorização das populações e a aplicação de limiares económicos relevantes eram essenciais para o controlo integrado. O controlo racional das pragas da oliveira assenta na integração de métodos culturais, biológicos, biotécnicos e químicos. Os métodos de controlo cultural incluem a poda contra *P. oleae*.

A técnica de armadilhagem em massa contra P. oleae permitiu um controlo parcial. O controlo supervisionado com tratamentos larvicidas de organofosforados não lipofílicos, aplicados no limiar económico de 10-15% de azeitonas atacadas, permitiu limitar as aplicações e obter resíduos muito baixos no azeite. As pulverizações com isco inseticida aplicadas em partes específicas da copa das oliveiras revelaram-se menos prejudiciais para os insectos benéficos e permitiram reduzir ainda mais os resíduos tóxicos.

A cochonilha negra, Saissetia oleae

A cochonilha negra, *Saissetia oleae* (Olivier, 1791) (Hemiptera: Coccidae) é uma praga importante dos citrinos e da oliveira. Originária da África do Sul, esta cochonilha está agora distribuída por todo o mundo. Na Flórida, a cochonilha negra encontra-se nos citrinos *(Citrus* spp.), na oliveira cultivada *(Olea europaea* L.), no abacateiro *(Persea americana* Mill.) e em muitas plantas de paisagem populares.

É provável que a cochonilha negra, tal como muitas pragas invasoras, tenha sido importada para os Estados Unidos em viveiros infestados. Devido ao seu pequeno tamanho e ao seu ciclo de vida único, estas cochonilhas são difíceis de detetar e controlar.

Fêmea adulta da cochonilha negra, *Saissetia oleae* (Olivier) em oliveira cultivada *(Olea europaea* L.).

Saissetia oleae
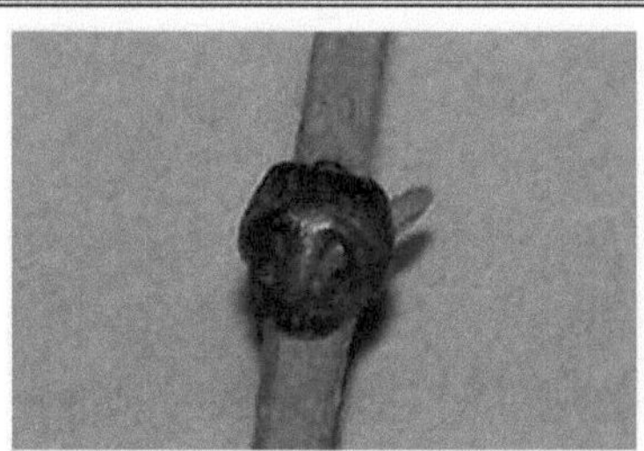

Scientific classification

Kingdom:	Animalia
Phylum:	Arthropoda
Class:	Insecta
Order:	Hemiptera
Suborder:	Sternorrhyncha
Family:	Coccidae
Genus:	*Saissetia*
Species:	**S. oleae**

Binomial name

Saissetia oleae (Olivier, 1791)

Synonyms

Coccus oleae Olivier, 1791

*A **Saissetia oleae** (syn. **Coccus oleae**)* é uma cochonilha da família Coccidae. É considerada um dos três principais parasitas fitófagos da oliveira *(Olea europaea),* juntamente com a mosca da azeitona *(Bactrocera oleae)* e a traça da azeitona *(Prays oleae).* Embora seja um parasita comum que ocorre com maior frequência nas oliveiras, é uma espécie polífaga, atacando também (mas com menor frequência) árvores de citrinos, bem como vários arbustos ornamentais, como loendros, pittosporos, saguis e euonymus.[930, 310].

História

Um dos primeiros cientistas a estudar o inseto de uma forma científica e moderna foi o naturalista italiano Giuseppe Maria Giovene. Escreveu uma publicação intitulada *Descrizione estoria della cocciniglia dell'ulivo* (1807), na qual respondia a Giovanni Presta, que tinha negado a existência do inseto nas províncias apulianas de Bari e Otranto.

Giovene mostrou que o inseto também era comum nas regiões acima referidas, embora ocorresse com menos frequência. Além disso, Giovene descobriu o macho do inseto, que na altura não era conhecido na Europa. No *Dicionário de História Natural de Paris* (1816) (francês: *Nouveau dictionnaire d'histoire naturelle, appliquée aux arts, à l'agriculture, à l'économie rurale et domestique, à la médecine, etc.)* estava escrito que "o macho não é conhecido" (francês: *Le mâle n'est pas connu*).[311, 312]

Ciclo de vida

O corpo mole da fêmea adulta da escama da azeitona está

escondido sob um revestimento cinzento-escuro ou preto-acastanhado que cresce e endurece com o tempo. Os machos não estão presentes na maior parte das regiões e a reprodução faz-se por <u>partenogénese</u>. A fêmea é geralmente imóvel e põe até 2.500 ovos por lote. Os ovos ficam retidos debaixo da escama e eclodem em <u>ninfas </u>conhecidas como "rastejantes". Estas são móveis, saindo de debaixo da escama e dispersando-se por outras partes da planta. Sofrem duas mudas antes de se tornarem adultas e todas as fases de vida do inseto se alimentam sugando a seiva da planta hospedeira.[3 13]

Biologia

As fêmeas de escamas negras depositam os ovos de abril a setembro e, tal como outras espécies do género *Saissetia,* protegem-nos debaixo do corpo até à eclosão. Cada fêmea pode depositar entre algumas centenas e mais de 2.500 ovos.

O tempo de incubação dos ovos varia em função da temperatura, sendo que os ovos postos no verão eclodem em 16 dias e os ovos postos no inverno demoram até seis semanas a eclodir.

A cochonilha negra tem normalmente uma ou duas gerações por ano, mas já foram observadas três gerações em certas regiões. A reprodução é maioritariamente partenogenética (um tipo de reprodução assexuada em que os ovos se desenvolvem sem fertilização), embora tenham sido registados machos.

Ninfas da cochonilha negra, *Saissetia oleae* (Olivier), rastejando em fêmeas adultas e em oliveiras cultivadas *(Olea europaea* L.).

A primeira fase ninfal, ou imatura, dos insectos cochonilhas é conhecida como rastejante.

Esta é uma das duas fases móveis da cochonilha (a outra é o macho adulto alado, se estiver presente). Após a eclosão, as lagartas deslocam-se para a planta. As lagartas podem estabelecer-se nas folhas, nos frutos ou nas partes lenhosas jovens da planta hospedeira e, uma vez instaladas, inserem as suas peças bucais no tecido vegetal e começam a alimentar-se. Sofrem duas mudas antes de atingirem a fase adulta e passarem para as partes lenhosas mais velhas da planta para se alimentarem.

O corpo das fêmeas adultas de escamas negras continua a expandir-se e acaba por endurecer, formando uma estrutura semelhante a uma concha que serve para proteger os ovos e as ninfas. Os adultos raramente se deslocam do seu local de alimentação estabelecido, normalmente em material vegetal lenhoso. Em caso de infestações intensas, as fêmeas podem desenvolver-se nas superfícies inferiores das folhas da planta hospedeira.

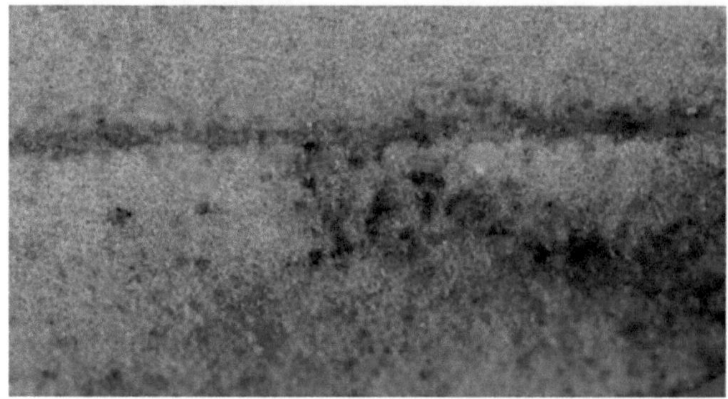

Ninfas da cochonilha negra, *Saissetia oleae* (Olivier), numa folha de oliveira cultivada *(Olea europaea* L.).

A dinâmica da população de cochonilhas negras é altamente influenciada por factores abióticos. As alterações da temperatura e da humidade relativa, em particular, afectam grandemente a idade e o tamanho da população de cochonilhas negras. As condições temperadas com humidade elevada favorecem o crescimento da população da cochonilha negra, e um período prolongado deste tipo de clima pode levar a surtos. De acordo com Tena et al. 2007, as ninfas de primeiro instar sofrem uma mortalidade elevada quando as temperaturas excedem os 30°C e a humidade relativa é superior a 30%.

As cochonilhas negras passam o inverno como ninfas de segundo ou terceiro instar, que são mais resistentes às condições climatéricas adversas do que os ovos ou as ninfas de primeiro instar.

Na filisteia, foram encontradas populações mais elevadas de cochonilha negra na oliveira de regadio do que na de sequeiro. Foram observadas duas gerações na oliveira de regadio e em alguns pomares de citrinos. Uma geração foi encontrada em oliveiras e citrinos de sequeiro. É provável que os olivais de regadio tenham uma humidade relativa mais elevada, o que favorece o desenvolvimento da cochonilha.

Outra explicação é o facto de *Sassieta oleae* ser, na verdade, um complexo de espécies, com várias estirpes diferentes que têm diferentes histórias de vida, mas que são morfologicamente indistinguíveis.

Plantas hospedeiras

A cochonilha negra foi registada em citrinos, azeitonas, damascos, oleandros e outros hospedeiros na Califórnia. Na Flórida, a cochonilha negra foi registada como praga de citrinos, abacateiros, oliveiras, frutos tropicais e plantas de paisagem. A cochonilha negra é particularmente preocupante para os produtores de citrinos e de azeitonas na Flórida. A arquitetura das plantas é uma caraterística importante para a seleção do hospedeiro da cochonilha e parece que a cochonilha negra prefere árvores com ramificações densas, especialmente quando as árvores estão plantadas perto umas das outras.

Sugeriram que os surtos se deviam a uma perturbação da comunidade de insectos e à redução dos insectos benéficos causada pela utilização intensiva de pesticidas não selectivos para o controlo da *Dacus oleae* (Gmelin), a mosca da azeitona.

Importância económica

As cochonilhas negras alimentam-se fixando-se nas folhas e nos ramos da planta hospedeira e sugando a seiva do interior do tecido vegetal. Dependendo da gravidade da infestação de cochonilhas, os danos resultantes para a planta podem variar. À medida que as cochonilhas se alimentam, exsudam uma substância pegajosa e açucarada, chamada melada, como produto residual. A melada cai do local de alimentação e reveste as folhas e os frutos da planta hospedeira ou superfícies próximas, o que favorece o crescimento de bolor fuliginoso.

O fungo fuliginoso é um fungo preto que cresce numa camada fina sobre o substrato onde existe melada. Embora o bolor não seja tóxico para as plantas ou para os seres humanos, pode cobrir as folhas, reduzindo as capacidades fotossintéticas da planta, e diminuir o valor de mercado dos frutos e plantas afectados. A melada pode atrair formigas que se alimentam da substância açucarada. A presença de formigas é um bom indicador de infestação de cochonilhas.

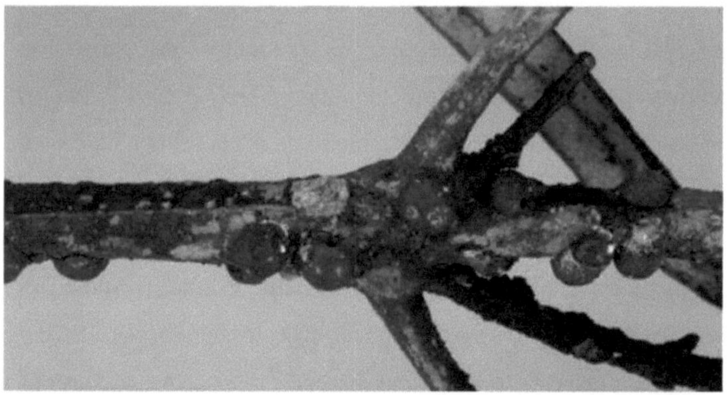

O bolor fuliginoso nas folhas e caules da oliveira cultivada *(Olea europaea* L.) indica a presença de adultos da cochonilha negra, *Saissetia oleae* (Olivier).

Distribuição e hospedeiros

A Saissetia oleae pode ter sido originária da África do Sul, mas espalhou-se por todo o mundo e tem atualmente uma distribuição global. Foi registada a sua alimentação em 113 espécies de plantas de 49 famílias. Para além de ser uma praga grave da oliveira, é uma das pragas mais importantes dos citrinos, especialmente na zona mediterrânica, na Califórnia, na Flórida e na América do Sul.[314] A vespa parasita *Metaphycus helvolus* é nativa da África do Sul e foi introduzida na Califórnia, onde reduziu drasticamente a incidência desta cochonilha nos pomares de citrinos.[31 5]

Controlo biológico

O principal método de gestão da cochonilha negra é o controlo biológico. O controlo biológico clássico é uma estratégia geralmente utilizada para pragas invasoras e envolve a importação de inimigos naturais da praga invasora da região nativa da praga. As vespas parasitóides *Metaphycus helvolus* (Compere) e *Metaphycuslounsburyi* (Howard) (Hymenoptera: Encyrtidae), também nativas da África do Sul, foram libertadas para o controlo da cochonilha negra nos olivais e nos citrinos.

Embora intimamente relacionados, os parasitóides diferem nas suas histórias de vida. *Metaphycus helvolus ataca* ninfas de segundo ou terceiro instar da cochonilha negra, enquanto *Metaphycus lounsburyi* parasita ninfas de terceiro instar e fêmeas adultas. Estes parasitóides são tipicamente libertados para o controlo da cochonilha negra, embora tenham sido registadas algumas populações estabelecidas.

Orifícios de saída em adultos de cochonilha negra, *Saissetia oleae* (Olivier), indicando a presença de parasitas que ajudam no controlo da cochonilha negra.

Um estudo do sul da Califórnia sobre parasitóides primários e secundários em *Sassetia oleae* revelou que a abundância de parasitóides variava consoante o local, mas que as mesmas espécies eram encontradas em todo o estado [316].

Estas incluem quatro espécies primárias: *Metaphycus bartletti* Annecke & Mynhardt, *Metaphycus helvolus* (Compere), *Scutellista caerulea* Motschulsky, e *Diversinervus elegans* Silvestri.

Os parasitóides secundários registados em toda a Califórnia foram *Marietta Mexicana* (Howard), *Cheilonerus noxius* Compere e *Tetrastichus minutus* (Howard). Nas regiões costeiras, intermédias e interiores do sul da Califórnia, o parasitoide mais abundante observado foi uma espécie de *Metaphycus*.

Embora exista uma variedade de parasitóides aparentemente eficazes, a cochonilha negra continua a ser considerada uma praga economicamente prejudicial dos citrinos e da oliveira e continuam a ocorrer surtos. Os parasitóides, tal como a maioria dos insectos, estão sujeitos a condições ambientais adversas que podem limitar a sua eficácia como agente de controlo.

Por exemplo, períodos de tempo excessivamente quente ou seco podem reduzir as populações de parasitóides. Além disso, estes insectos necessitam das ninfas de terceiro instar ou dos adultos para a oviposição, pelo que é necessário sincronizar as populações de parasitóides e de presas.

A não libertação dos agentes de controlo biológico na altura certa pode torná-los inúteis, a não ser que a população se consiga estabelecer. No entanto, para que o parasitoide se estabeleça, tem de ter acesso regular a ninfas e adultos da cochonilha negra, o que sugere que a população de cochonilha negra no campo pode nunca ser erradicada.

Para os produtores que praticam a Gestão Integrada de Pragas, estes agentes de controlo biológico simplesmente aumentam as medidas de controlo existentes, com o objetivo de manter a população de pragas abaixo de um determinado limiar. Neste método, a erradicação total da praga não é uma prioridade, uma vez que não é realista. A melhor utilização dos parasitóides da cochonilha negra seria a libertação de espécies que não competem entre si por recursos, como a preferência por ninfas de diferentes estádios ou adultos.

São vários os insectos que se alimentam das ninfas da cochonilha negra. Foram registadas larvas de escaravelhos, larvas de crisopídeos e tripes que vivem entre as cochonilhas, alimentando-se das ninfas em fase de rastejamento nos olivais [317,318].

Gestão

As populações de cochonilha negra são altamente influenciadas pelas condições de campo, desde a temperatura e a humidade até ao tipo de planta hospedeira. Rosen et al. [318] verificaram que as oliveiras com muitos ramos próximos uns dos outros, especialmente quando plantadas perto de outras árvores, tinham mais probabilidades de se tornarem hospedeiras da cochonilha negra. As árvores que foram podadas severamente ou plantadas separadas umas das outras tinham menos probabilidades de sofrer uma infestação de cochonilha negra. A poda também é útil para reduzir as populações nas árvores infestadas.

As práticas de gestão anteriormente utilizadas podem afetar a dimensão da população de cochonilhas negras e a sua distribuição etária. A utilização de pesticidas, por exemplo, deve ser programada para a presença da fase de rastejante da cochonilha para ser bem sucedida. Os pesticidas não são eficazes no controlo das cochonilhas adultas porque os produtos químicos não conseguem penetrar no exterior espesso e ceroso dos insectos. Os ovos também não são afectados pelo controlo químico porque o corpo da fêmea os cobre e protege até à eclosão. O controlo biológico da cochonilha negra é o método de gestão mais promissor, sendo atualmente utilizadas muitas espécies de parasitóides.

Besouro da casca da oliveira, Hylesinus oleiperda

Hylesinus	
Hylesinus oleiperda	
Scientific classification	
Kingdom:	Animalia
Phylum:	Arthropoda

Class:	Insecta
Order:	Coleoptera
Family:	Curculionidae
Tribe:	Hylesinini
Genus:	*Hylesinus* Fabricius, 1801

Hylesinus é um género de escaravelhos crenulados da família Curculionidae. Existem mais de 180 espécies descritas de *Hylesinus)* J[318320]

Hylesinus varius

Colocação taxonómica:

Insecta, Holometabola, Coleóptera, Curculionidae, Scolytinae. (Anteriormente na família Scolytidae.

Nome comum: Escaravelho da casca da oliveira, Barrenillo Negro.

Morfologia: O corpo é quase preto, com 2,5-3,0 mm de comprimento, coberto de pêlos curtos e amarelados. O tórax é preto, minuciosamente pontuado. Os élitros são castanho-escuros, estriados longitudinalmente e as antenas são vermelhas, em forma de bastão. A larva (frequentemente designada por "larva") é apodítica, com o corpo curvado e o tórax alargado.

Distribuição geográfica: Europa Central, região mediterrânica, América do Sul (Argentina, Chile e Peru).

Plantas hospedeiras: Oliveira, freixo *(Fraxinus syriaca* Boiss.), lilás *(Syringa vulgaris* L.) e ligustro *(Ligustrum vulgare* L.).

História de vida:

Este escaravelho é geralmente univoltino. Os adultos aparecem na primavera, cada fêmea acasalada faz um buraco na casca das árvores hospedeiras enfraquecidas (geralmente oliveiras) e depois faz galerias horizontais nas quais põe 40-50 ovos. As larvas emergentes perfuram as suas próprias galerias, geralmente em troncos e ramos finos, onde se alimentam durante cerca de 10 meses e depois transformam-se em pupas. Nos ramos de oliveira recém-cortados, podem ser bivoltinas, aparecendo os adultos na primavera e no outono. Os adultos comunicam através de chilreios de atração.

Danos económicos:

O enfraquecimento dos ramos, ou mesmo a sua quebra, pode resultar na perda de gomos frutíferos e de inflorescências, afectando negativamente o crescimento normal da oliveira.

Gestão

Monitorização: Observar os buracos feitos na casca dos ramos enfraquecidos e os excrementos.

Métodos hortícolas Manutenção da saúde das árvores; remoção de galhos e ramos infestados e de árvores jovens.

Controlo químico:

Um carbamato e um organofosforado, aplicados nas entradas das galerias, proporcionaram um bom controlo.

Controlo biológico:

Em Tunis, os endoparasitóides *Cheiropachus quadrum* Fabricius (Pteromalidae) e *Dendrosoter protuberans* (Nees) (Braconidae) mataram mais de 70% da população da praga. A larva é também atacada pelos pteromalídeos *Cheiropachys colon* (L.) e *Eurytoma morio* Boheman (Eurytomidae).

Danos causados pela broca

Dependendo do estado de infestação, os danos causados pela broca da oliveira podem ser menores ou provocar uma deterioração considerável da produção.

As **galerias** produzidas pelo **barrenillo** na casca da oliveira (cambium), provocam **cortes no fluxo de salva**, causando a secagem dos ramos.

Os **danos** mais **habituais** são: **queda das azeitonas e secagem dos rebentos**. Estes danos são normalmente dispersos e não costumam produzir grandes perdas. Quando a broca provoca a secagem de ramos importantes da oliveira, a causa **pode ser confundida** com a <u>verticilose da azeitona,</u> no entanto, se observarmos vamos encontrar **pequenas perfurações** *(̎ holes ̎)*.

Phloeotribus scarabaeoides (Bernard)

Phloeotribus	
Phloeotribus rhododactylus	
Scientific classification	
Kingdom:	Animalia
Phylum:	Arthropoda
Class:	Insecta
Order:	Coleoptera
Family:	Curculionidae
Tribe:	Hylesinini
Genus:	_Phloeotribus_ Latreille, 1804
Diversity	
at least 140 species	

Phloeotribus é um género de escaravelhos crenulados da família Curculionidae. Existem pelo menos 150 espécies descritas de *Phloeotribus*.[321-32 3]

Colocação taxonómica:

Insecta, Holometabola, Coleoptera, Curculionidae, Scolytinae.

Nome comum Besouro da casca da oliveira.

Distribuição geográfica: Europa, Norte de África e Médio Oriente.

Plantas hospedeiras: Oliveira e outras Oleáceas,

como *Fraxinus, Ligustrum, Syringa* e *Phyllirea.*

Morfologia:

Corpo do adulto cinzento-acastanhado ou mais escuro, com cerca de 2-2,5 mm de comprimento, cabeça em posição ventral, élitros com muitos listras. Tórax pontuado e com muitos pêlos curtos, com o terço médio mais escuro do que as partes laterais, segmento terminal das antenas masculinas tridentado. Larvas amarelo-esbranquiçadas, com cabeça castanha, apodadas, com cerca de 3 mm de comprimento.

História de vida:

Na primavera, os adultos começam a escavar galerias nas bases dos ramos jovens de árvores enfraquecidas ou em ramos e troncos partidos, depositando aí os seus ovos. As larvas emergentes escavam as suas próprias galerias, geralmente perpendiculares à galeria materna. A praga prefere as árvores que se encontram em solos mais secos e pouco profundos, que são geralmente mais fracas. Dá origem a 3 gerações anuais. O comércio de toros de oliveira infestados favorece a dispersão da praga.

Importância económica:

As infestações graves podem reduzir o número de flores e de frutos da oliveira, e os danos resultantes podem atingir 70% da colheita. Os olivais podem tornar-se completamente improdutivos nos 5 anos seguintes a essas infestações.

A sobrevivência das árvores nos olivais jovens pode estar em perigo e a qualidade do azeite pode ser afetada.

Gestão

Controlo:

A densidade das galerias produzidas nos ramos jovens da oliveira pode ser utilizada para indicar a gravidade da infestação. É de esperar uma diminuição da produção de azeitona quando existem >3 galerias da praga por metro de ramo.

Métodos hortícolas:

Fertilização adequada, poda e remoção ou queima de ramos infestados.

Controlo químico:

O tratamento dos troncos com pesticidas (como os piretróides) antes do aparecimento dos escaravelhos adultos, que são atraídos pelo etileno. O número de escaravelhos foi reduzido num olival rodeado por uma barreira de árvores-armadilha que foram pulverizadas com uma mistura de etileno e um piretróide. O etileno também pode ser utilizado em sistemas de controlo com isco e armadilha.

Controlo biológico:

O escaravelho é atacado por vários endoparsitóides bethylídeos, braconídeos, eurytomídeos e pteromalídeos, cuja abundância e efeitos de controlo variam de ano para ano e de região para região. O inimigo natural dominante é o pteromalídeo *Cheiropachus quadrum* (Fabricius), que pode reduzir as populações da praga em 30-50%. Os inimigos naturais podem ser afectados negativamente pela aplicação de piretróides.

Aceria oleae (Nalepa)

Classe: Aracnídeos

Nome comum: Ácaro da oliveira

Nome científico: Aceria oleae

Potencial anfitrião: Azeitona

O ácaro da oliveira é uma espécie de ácaro minúsculo que ataca as oliveiras. O ácaro da galha da oliveira prefere a folhagem mais jovem e encontra-se normalmente na parte inferior das folhas. Os ácaros alimentam-se dos pontos de crescimento e criam deformações nas folhas que interferem com o crescimento da planta. O desenvolvimento da árvore sofre um atraso.

Aceria oleae (**Nalepa**)

Nome comum: Ácaro da oliveira.

Colocação taxonómica: <u>Acari</u>, <u>Prostigmata, Eriophyoidea Eriophyidae</u>.

Distribuição geográfica: De origem mediterrânica oriental, a praga invadiu também outros países mediterrânicos e a África do Sul.

Plantas hospedeiras: <u>Oliveira</u> *(Olea europea* Linnaeus)

Morfologia: O corpo do ácaro adulto é amarelo, com cerca de 0,13 mm de comprimento, cilíndrico, com um número semelhante (50-60) de anéis <u>opistossómicos dorsais</u> e ventrais. O <u>prodorsal</u> tem um padrão obscuro com linhas que só são discerníveis na parte posterior e apresenta duas longas cerdas pontiagudas para trás; a <u>plumagem</u> tem quatro raios.

Ciclo de vida: O ácaro da galha da oliveira prefere as azeitonas jovens que crescem em condições quentes e húmidas, prosperando assim em viveiros e plantações jovens bem irrigadas, e infestando principalmente o crescimento periférico. Passa o inverno escondido nas faces inferiores das folhas, deslocando-se as populações para os cachos de flores na primavera. Na Grécia, a praga criou 12-15 gerações anuais no campo, e as suas populações atingiram o pico durante junho-julho, com um aumento menor no final de setembro. O ácaro reproduz-se por <u>arrhenotoky,</u> depositando cada fêmea até 40 ovos. Quando criado em laboratório em discos de folhas de oliveira a 21-24°C, o seu ciclo de vida (ovo a ovo) necessitou de cerca de uma quarta-noite.

Importância económica: Ao alimentar-se nos pontos de crescimento da oliveira, o ácaro provoca a deformação e a torção das folhas emergentes. Em casos graves, esta situação conduz ao murchamento e à morte, ou mesmo à ausência total de floração (impedindo assim a formação de frutos). O desenvolvimento geral da árvore (especialmente dos rebentos) e a produção podem ser seriamente afectados. Nas folhas maduras infestadas desenvolvem-se manchas esverdeadas que ficam distorcidas. Os frutos jovens infestados tornam-se prateados e podem ser deformados por protuberâncias; mais de metade dos frutos podem cair ou ficar danificados. Os frutos maduros não são atacados.

Devido ao facto de vários eriofídeos poderem viver lado a lado nas azeitonas e infestar os órgãos da azeitona em conjunto, a lesão específica atribuída a *A. oleae* pode, na realidade, ser devida a uma ou mais espécies que afectam o hospedeiro em conjunto.

Gestão

Controlo cultural: Algumas variedades de oliveira parecem ser tolerantes a esta praga. Além disso, as práticas hortícolas, como a poda ou a desponta, induzem um novo crescimento e, consequentemente, a formação de gomos mais susceptíveis. O ácaro pode propagar-se a novas áreas através de plântulas infestadas, que devem ser devidamente tratadas antes de serem transportadas.

Controlo químico: No passado, o ácaro era frequentemente controlado com enxofre molhável, geralmente aplicado no início da estação. Atualmente, o amitraz ou a abamectina controlam a praga se forem aplicados antes da floração da azeitona, para evitar danos nos frutos, ou se forem administrados várias vezes durante a época, para evitar danos nas folhas.

Controlo biológico: Vários ácaros predadores da

A família Phytoseiidae está associada ao ácaro da galha da oliveira, sendo a espécie mais abundante em Itália *Typhlodromus athena* Swirski e Ragusa. Embora o efeito quantitativo dos fitoseídeos não tenha sido resolvido, acredita-se geralmente que os predadores mantêm as pragas eriofídeas da oliveira abaixo do seu limiar de prejuízo económico.

A economia verde e azul e o seu papel no desenvolvimento sustentável

Por

Dr. Yassin Mohamed Al-Ali

Presidente e Diretor Executivo da Raiati Agricultural Investment
Company Limited Membro do Comité Nacional para o
Desenvolvimento Sustentável na República Árabe Síria

Atualmente, o mundo está a passar por um trabalho difícil, principalmente relacionado com a forma como o problema da segurança alimentar pode ser abordado, uma vez que se trata de um dos desafios de que depende o futuro da humanidade, que não assistiu, ao longo da sua longa história, a um problema de tal gravidade e motivo de preocupação.

As alterações climáticas, a poluição, a perda de recursos naturais, a desigualdade social, a fome e as crises económicas são questões prementes que os países de todo o mundo enfrentam atualmente, de uma forma ou de outra. A necessidade urgente de abordar todas estas questões globais tornou-se uma preocupação desde a última década, especialmente após a publicação do Plano de Ação das Nações Unidas, composto por 17 objectivos de desenvolvimento sustentável, que visa criar um mundo mais sustentável e igualitário para a população e para o ambiente.

Durante muitos anos, os governos tentaram ultrapassar estas dificuldades, e o fator económico foi visto como o motor que conduz os países à riqueza e à prosperidade e como um caminho para alcançar a sustentabilidade e o equilíbrio geral entre a natureza e o homem.

Assim, a fim de conciliar a ideia de que uma economia pode fornecer aos seus cidadãos e, ao mesmo tempo, proteger o ambiente, foram introduzidos os conceitos de economia "azul" e "verde", posteriormente adoptados por países de todo o mundo.

A diferença entre a economia azul e a economia verde:

A economia azul e a economia verde são dois conceitos com o mesmo objetivo final de tornar o mundo um lugar mais sustentável e igualitário, tanto para os seres vivos como para o ambiente.

A principal diferença entre elas reside no seu campo de ação, embora não se limitem a ele. A economia azul centra-se na proteção dos oceanos e dos seus habitantes, enquanto a economia verde se centra nos recursos naturais da Terra, garantindo a sua abundância e satisfazendo as necessidades da população.

Enquanto pilar importante do bem-estar de qualquer país, estas duas economias são a chave para garantir um ambiente seguro, sustentável e equitativo para as pessoas, mas são também o caminho certo a seguir para conservar os recursos mundiais e evitar acções e actividades humanas prejudiciais para o planeta e que conduzam à sua poluição.

Primeiro - a economia verde

O conceito de economia verde foi formulado pela primeira vez em 1989, num relatório encomendado por um grupo de economistas ambientais ao Governo do Reino Unido. A definição tem sido largamente associada ao termo "desenvolvimento sustentável" e ao seu envolvimento nas políticas e práticas económicas.

Mais tarde, enquanto os governos procuravam formas de resolver as crises energéticas, alimentares e financeiras globais, o âmbito desta economia foi alargado para incluir não só as políticas ambientais de um país, mas também para lidar com questões globais como as alterações climáticas, os incêndios florestais, a destruição da camada de ozono, etc., alargando o âmbito destas economias verdes, o que reforçará a cooperação internacional entre países e a adoção da Agenda 2030 para o Desenvolvimento Sustentável das Nações Unidas.

De acordo com esta ideia, as Nações Unidas definiram uma economia verde como "uma economia com baixo teor de carbono, eficiente em termos de recursos e socialmente inclusiva. Neste tipo de economia, o crescimento do emprego e do rendimento é impulsionado pelo investimento público e privado em actividades económicas, infra-estruturas e activos que permitem a redução das emissões de carbono e da poluição, aumentam a eficiência energética e dos recursos, previnem a perda de biodiversidade e protegem o ecossistema".

A economia verde opera a nível macroeconómico e procura alcançar um crescimento económico sustentável, concentrando-se na gestão dos recursos e dos investimentos, no emprego e nas taxas de inflação. Para transformar os diferentes sectores económicos numa economia verde, será necessário desenvolver instrumentos e políticas. Uma economia verde melhorará o bem-estar humano e a justiça social, ao mesmo tempo que reduzirá significativamente os riscos ambientais, a escassez e o esgotamento do ambiente.

A emergência e o desenvolvimento da economia verde:

O início foi em 2008, quando as Nações Unidas lançaram o conceito de economia verde como parte das iniciativas que procuram enfrentar as múltiplas crises globais que afectaram a comunidade internacional.

A iniciativa estipula que a transição para uma economia verde é um processo de remodelação dos projectos empresariais e do ambiente básico para obter melhores rendimentos através do investimento de capital natural, humano e económico, da redução das emissões de gases com efeito de estufa, da redução das quantidades extraídas e utilizadas de recursos naturais, da redução dos resíduos e da realização da justiça social através da redução da pobreza e da desigualdade de classes. .

E em 2012, a Conferência das Nações Unidas sobre Desenvolvimento Sustentável (Rio 20), onde a conferência sublinhou que a economia verde é uma das ferramentas importantes disponíveis para alcançar o desenvolvimento sustentável, eliminando a pobreza, melhorando o bem-estar humano e alcançando o crescimento económico.

Na primeira Conferência Mundial sobre Economia Verde, realizada em abril de 2014 no Dubai, foi lançada uma iniciativa de economia verde para o desenvolvimento sustentável. Esta conferência contou com uma ampla presença nacional e internacional através de 650 personalidades internacionais de 66 países, incluindo 27 ministros do ambiente, das finanças, da indústria, do trabalho, da agricultura e do comércio. A iniciativa sublinhou a inevitabilidade da transição para uma economia verde no contexto do desenvolvimento sustentável

Os principais sectores da economia verde

Energias renováveis

Transporte sustentável

Gestão de resíduos

edifícios verdes

gestão da água

gestão de recursos

Importância e benefícios da economia verde

A importância da economia verde é realçada pela obtenção dos seguintes benefícios:

Proporcionar um ambiente estável, seguro e saudável à comunidade

Melhorar a qualidade dos recursos naturais

- Garantir áreas grandes e limpas com elevada eficiência na redução das taxas de poluição e das quantidades de carbono emitidas.

Proporcionar empregos verdes seguros e reduzir a pobreza através do fluxo de benefícios e benefícios do capital natural.

Ajuda a reforçar a segurança humana em termos de água, alimentos e recursos

Objectivos da transição para uma economia verde

objectivos ambientais

objectivos sociais

objectivos económicos objectivos ambientais:

• Redução do aquecimento global

• Aumentar a produção e a utilização de recursos energéticos renováveis

• Reduzir as emissões de carbono e o stress ambiental

• Melhorar a segurança alimentar e atenuar a degradação dos solos e a desertificação.

objectivos sociais

• Aumento das oportunidades de empregos verdes, especialmente no sector agrícola

• Reduzir a pobreza e o desemprego e alcançar a justiça social na distribuição dos recursos.

objectivos económicos

Criação de uma nova estrutura para o desenvolvimento através de:

• Dinamização dos diferentes sectores económicos

• Reforçar a interdependência entre a economia, por um lado, e o ambiente, por outro

• Adotar políticas económicas que preservem o ambiente e limitem a deterioração dos recursos naturais

• Proporcionar oportunidades de emprego e atingir o nível mínimo de bem-estar e de vida digna.

Requisitos para a transformação da economia verde

☐ Reforçar, orientar e unificar os esforços no sentido de uma supervisão governamental direta da transição para uma economia verde

☐ Lançar iniciativas nacionais com a maior seriedade e responsabilidade, com a participação de todos os actores e entidades nacionais com uma visão social nacional comum que leve à mobilização de energias e recursos. ☐

☐ Criação de empresas e instituições relevantes e aumento dos investimentos.

☐ Desenvolver programas de formação técnica, profissional e técnica e de reabilitação

☐ Alargar o âmbito e o alcance dos programas de reabilitação e de formação

☐ Reforçar as aptidões e competências dos trabalhadores e formar líderes administrativos desenvolvimento agrícola sustentável

Trata-se de um conjunto de políticas e procedimentos destinados a desenvolver, melhorar e desenvolver o sector agrícola e as componentes da economia agrícola através de:

☐ Utilização óptima dos recursos agrícolas

☐ Conseguir um aumento da produção e da produtividade, a fim de aumentar a taxa de crescimento do rendimento nacional

☐ Alcançar um elevado nível de vida para os membros da sociedade nas diferentes gerações sem prejudicar o ambiente

☐ Garantir a eficiência económica, a justiça e a igualdade.

Objectivos de desenvolvimento agrícola sustentável

1- Alcançar a segurança alimentar

2- Contribuir para o desenvolvimento económico

3- Fornecer as divisas necessárias para a sustentabilidade de projectos promissores

4- Satisfazer as necessidades da população de uma forma sustentável

5- Conservação dos recursos hídricos e da fertilidade dos solos

6- Preservação dos recursos naturais

Programa de Desenvolvimento Rural Sustentável

Planear mudanças positivas visando o sector/sector agrícola rural O programa procura

- Diversificar a base produtiva da agricultura

Proporcionar oportunidades de emprego e reduzir a migração para as cidades

Alcançar o equilíbrio regional e a estabilidade social

Melhorar o rendimento e o nível de vida dos pequenos agricultores

Lutar contra a pobreza, fornecer alimentos e contribuir para alcançar a segurança alimentar

Preservação do ambiente e dos recursos naturais

Beneficiar do programa:

Pequenos agricultores

Jovens educadores

Jovens pescadores

- Pequenos apicultores

Normas para o desenvolvimento agrícola sustentável

- Justiça na prestação de ajuda, auxílio e financiamento aos países pobres e no incentivo à adoção de métodos agrícolas respeitadores do ambiente, com elevada eficiência económica e produtividade.

Flexibilidade na capacidade do sistema agrícola para fazer face a perturbações, condições e desequilíbrios imprevistos e para entrar com grande flexibilidade nas políticas e procedimentos para desenvolver a estrutura do sector agrícola no seu conjunto.

Eficiência na utilização dos recursos naturais, como a água e o solo, formas de os desenvolver e reabilitar, investir os recursos humanos de uma forma optimizada e a capacidade de alcançar os requisitos de segurança alimentar e de alimentação em quantidade e qualidade através de:

• Adotar mecanismos modernos e avançados, proporcionando e assegurando empregos permanentes, suficientes e eficazes

• Aumentar a capacidade produtiva e melhorar a produção através de programas e políticas que garantam o aumento do nível de rendimento e de vida para todos

A economia verde é uma opção estratégica para alcançar um desenvolvimento agrícola sustentável

Tendo em conta a necessidade urgente de utilizar racionalmente os recursos naturais e de alcançar a sustentabilidade, a proteção e o desenvolvimento desses recursos para as gerações futuras, surgiu a necessidade de avançar para uma economia verde, a fim de criar um equilíbrio entre as necessidades actuais e futuras da sociedade, através da criação de mais empregos verdes em muitos sectores.

A inevitabilidade da transição para uma economia verde fez emergir a necessidade de preparar e racionalizar o sector agrícola de acordo com estratégias de desenvolvimento orientadas e racionais que conduzam a novas tecnologias agrícolas para atenuar os efeitos das alterações climáticas e reforçar as parcerias de desenvolvimento para enfrentar os desafios ambientais contemporâneos, como a desertificação, a desflorestação, a invasão e a perda de biodiversidade.

Criar um entendimento comum do crescimento verde urbano, bem como desenvolver um conjunto de indicadores que abranjam aspectos ambientais, sociais e económicos.

Características da aplicação da economia verde numa agricultura segura e sustentável

A economia verde conduz a:

Restaurar e melhorar a fertilidade do solo, utilizando insumos naturais sustentáveis de nutrientes produzidos, rotação diversificada de culturas e integração de culturas e gado.

□ Reduzir a deterioração e a perda de géneros alimentícios através da expansão da utilização de processos e equipamentos de armazenamento, embalagem, transporte e consumo.

□ Reduzir os pesticidas e herbicidas químicos de acordo com práticas biológicas integradas para a gestão de ervas daninhas e a reflorestação para purificar o ar e o solo.

□ Reduzir o aquecimento global através da utilização do sistema de plantio direto, a fim de dispensar a operação de máquinas agrícolas e, assim, reduzir as emissões de carbono e economizar energia e combustível. □

Características da aplicação da economia verde numa agricultura segura e sustentável

Agricultura biológica

Acaba com a utilização de todos os insumos industriais, como fertilizantes, pesticidas químicos, sementes e variedades geneticamente modificadas, conservantes e aditivos. E substitui-los por materiais naturais, como adubos orgânicos e predadores e parasitas naturais de insectos (controlo biológico).

adubação verde

É o cultivo de qualquer cultura com o objetivo de a cultivar tal como está, produzindo-a no solo quando atinge uma determinada fase de crescimento e seguindo-a durante vários anos em ciclos agrícolas repetidos para provocar um aumento real da matéria orgânica na terra.

Administração fundiária

Um processo integrado para um melhor emprego e uma utilização óptima de todos os recursos fundiários e de todos os recursos anexos, dependentes e conexos do meio rural e urbano, orientando-os para um desenvolvimento agrícola coletivo racional e sustentável

- Reforçar as parcerias de desenvolvimento para enfrentar os desafios ambientais contemporâneos, como a desertificação, a desflorestação, a expansão urbana, a erosão dos solos e a perda de biodiversidade

O estímulo ao sector agrícola visa principalmente

☐ Restaurar e melhorar a fertilidade dos solos, aumentando a utilização de nutrientes naturais e sustentáveis e a rotação diversificada de culturas, bem como a integração da pecuária e das culturas

☐ Reduzir a utilização de pesticidas e herbicidas químicos através da aplicação de práticas biológicas integradas

Gestão de participações sociais

☐ A natureza geral das explorações agrícolas no país é a de pequenas explorações e propriedades que estão a caminho do fim da pequenez

☐ Esta natureza representa um verdadeiro obstáculo e um entrave direto ao desenvolvimento, à gestão e ao financiamento dos projectos, bem como à diminuição da rentabilidade e do valor acrescentado em geral.

☐ Consequentemente, era urgente orientar e concentrar as futuras estratégias agrícolas no reforço da cultura e da sensibilização do público para a participação em projectos colectivos conjuntos de financiamento, criação e produção.

E, assim, criar uma produção colectiva e um valor acrescentado que atinja o interesse e o benefício real e construtivo dos indivíduos e da sociedade

☐ Direcionar o apoio para os agricultores cooperantes

☐ Proporcionar um pacote de incentivos para projectos de cooperativas agrícolas, que contribuirá para a redução dos custos, a competitividade e a maximização da rentabilidade do agricultor através do seu projeto de cooperação com outros agricultores.

Conclusão

A adoção da lei da economia verde, da agricultura biológica, da fertilização verde, dos empregos verdes, do controlo biológico e integrado e da gestão de projectos agrícolas colectivos conjuntos tornou-se um imperativo urgente para alcançar um verdadeiro desenvolvimento agrícola sustentável. Exige que as autoridades de tutela interessadas e relevantes tomem a iniciativa o mais rapidamente possível para adotar e adotar esta lei e orientar todos os sectores, actividades, instituições e organizações civis para iniciar e começar a criar um ambiente adequado para a implementação, implementação, proteção, acompanhamento e avaliação deste importante projeto estratégico para o país e a sociedade.

Segundo - a economia azul

O conceito de "economia azul" ou "economia dos oceanos" surge da ideia de associar os conceitos de conservação e sustentabilidade, só que desta vez em relação aos oceanos e às criaturas marinhas que neles vivem. O termo surgiu pela primeira vez em 2012, numa conferência das Nações Unidas sobre desenvolvimento sustentável, no Brasil, onde a principal preocupação era a necessidade de criar uma economia sustentável, bem como a urgência de evitar uma maior degradação ambiental. Trata-se de uma economia baseada no aumento da eficiência da utilização dos recursos e da energia, reduzindo as taxas de poluição e as quantidades de carbono emitidas, e evitando a perda de biodiversidade. Humanos.

Para procurar soluções eficazes que garantam o equilíbrio entre a crescente necessidade de alimentos e a crescente explosão demográfica, os países do mundo procuram valorizar os seus recursos potenciais e explorá-los de forma racional e eficaz, de modo a permitir a sua permanência e desenvolvimento futuro, e talvez os mares e oceanos, por constituírem mais de setenta e um por cento (71%) da área do globo, é um meio natural que tem grande importância na vida humana, pois é uma via de comunicação e uma fonte de subsistência e alimentação.

No passado, acreditava-se que o mar era uma barreira natural onde o mundo terminava, mas esta crença foi rapidamente refutada após as descobertas geográficas, graças às quais os mares e os oceanos se tornaram um campo de competição entre países, as principais rotas para o comércio e o transporte marítimo, vastos campos para a captura de peixe e baleias e um campo de investigação para cientistas de várias disciplinas, que podem contribuir para resolver muitos dos problemas mundiais, especialmente nas áreas da alimentação, da água potável e da extração de minerais.

Apesar dos conflitos que surgiram entre Estados e sociedades, a importância económica, política e militar dos mares teve um impacto na exploração dos recursos vivos e não vivos das águas dos mares e oceanos, cuja importância difere também em função da sua localização geográfica e da intensidade da sua navegação marítima.

1. O surgimento da economia azul: O conceito de economia azul, criado

pelo economista belga Gunter Pauli, surgiu na sequência da conferência (Rio 20) de 2012 e gira em torno da ideia de que as empresas devem utilizar todos os recursos de que dispõem e trabalhar para aumentar a eficiência, a fim de criar uma carteira de projectos inter-relacionados que as beneficiem e à comunidade.

A economia azul actua como catalisador do desenvolvimento de políticas, do investimento e da inovação em apoio à segurança alimentar, à redução da pobreza e à gestão sustentável dos recursos hídricos através da aquicultura, promovendo políticas e boas práticas para uma cultura responsável e sustentável de peixes, crustáceos e plantas marinhas, para além de prestar serviços ecossistémicos destinados a reforçar os sistemas regulamentares e os mecanismos de recuperação dos habitats costeiros críticos, da biodiversidade e dos serviços ecossistémicos.

Muitos países industrializados testemunharam o desenvolvimento da sua economia azul de forma significativa através da exploração dos recursos marinhos por meio de operações de navegação, pesca comercial e indústrias petrolíferas e mineiras.

Economia azul a nível mundial:

A economia azul é conhecida mundialmente como um verdadeiro motor de desenvolvimento social e económico. Neste sentido, os mares e os oceanos, enquanto motor de crescimento económico, são um dos principais factores que determinam a força dos países e o seu nível de desenvolvimento, uma vez que os mares e os oceanos proporcionam (5,4) milhões de oportunidades de emprego e criam um valor acrescentado total de cerca de 50 mil milhões de dólares por ano. As instituições internacionais contribuíram para o desenvolvimento e a definição do conceito de economia azul, começando pelo Programa das Nações Unidas para o Ambiente, que lançou este conceito ao nível dos países insulares, em particular das ilhas das Caraíbas, depois o Banco Mundial, que alargou o conceito a outros países em desenvolvimento, depois a Comissão Europeia e, numa fase posterior, a União para o Mediterrâneo e a União Africana.

Ao nível do continente africano, a economia azul baseia-se nos quatro eixos seguintes:

(a) Assegurar a gestão e a utilização sustentáveis dos ecossistemas aquáticos e dos recursos conexos;

(b) exploração óptima dos benefícios sociais e económicos decorrentes do desenvolvimento sustentável dos ambientes aquáticos;

(c) Preservar os ecossistemas aquáticos e os recursos que lhes estão associados, reduzindo as ameaças e os impactos das alterações climáticas e das catástrofes naturais;

(d) Atingir os Objectivos de Desenvolvimento Sustentável relacionados com a conservação e a utilização sustentável dos oceanos, mares e recursos marinhos e garantir o acesso universal à água.

2.1.2 Definir a economia azul:

O Programa das Nações Unidas para o Ambiente, que lançou o conceito de economia azul ao nível dos países insulares, nomeadamente das Caraíbas, define-a como uma economia que conduz à melhoria do bem-estar humano e à promoção da justiça social em conjunto.

Características e particularidades da economia azul:

É uma economia baseada nos mares que proporciona benefícios sociais e económicos para as gerações actuais e futuras, contribuindo para a segurança alimentar, eliminando a pobreza, melhorando o rendimento, o emprego, a saúde e a segurança, o que contribui para a estabilidade política. Assim, a economia azul caracteriza-se por:

1- Trata-se de um quadro estratégico. A essência da economia azul é promovê-la de acordo com o modelo de gestão baseado no ecossistema, que deve ser o núcleo do processo de tomada de decisões e do desenvolvimento comunitário.

2- Faz parte da economia verde através do Programa das Nações Unidas para o Ambiente e de outras organizações internacionais.

3- Trata-se de uma economia marinha sustentável através do desenvolvimento da economia marinha, protegendo ao mesmo tempo o ecossistema marinho e conseguindo uma utilização sustentável.

4- É um instrumento político ou um meio para fazer avançar a economia, uma vez que proporciona oportunidades económicas que surgem de várias actividades relacionadas com os recursos hídricos e os recursos costeiros para o crescimento e o desenvolvimento económico.

Importância da economia azul:

A iniciativa "Economia Azul" é o resultado de um diálogo entre dez países da região do Mediterrâneo Ocidental que chegaram a acordo sobre estes interesses comuns na região, nomeadamente cinco Estados-Membros da União Europeia (Itália, Portugal, Espanha, Malta e França) e cinco parceiros do Sul (Argélia, Líbia, Mauritânia, Tunísia e Marrocos).

Para alcançar o desenvolvimento sustentável é necessária uma parceria entre os governos, o sector privado e a sociedade civil, a fim de avançar no sentido de aumentar o bem-estar através da adoção de estratégias que apoiem o crescimento económico e respondam a uma série de necessidades sociais, incluindo a educação, a saúde e a proteção social, abordando simultaneamente as alterações climáticas e a proteção do ambiente através da redução da poluição. marinha sobre formas de eliminar as suas fontes e causas.

Daí surgiu a iniciativa da economia azul, que, segundo Johannes Hahn, comissário europeu responsável pela política de vizinhança e pelas negociações de alargamento, visa reconhecer as reservas latentes do Mar Mediterrâneo e da sua faixa costeira e aproveitá-las para impulsionar o crescimento económico e contribuir para a criação de oportunidades de emprego, a fim de alcançar a estabilidade na região, que é uma etapa importante para um maior progresso. Coordenação e cooperação entre os países mediterrânicos.

A importância crescente da economia azul decorre do facto de esta fornecer algumas soluções, ainda que parciais, para as questões ambientais, tendo em conta as alterações climáticas que ocorrem na região. horizonte, especialmente no Mediterrâneo Oriental.

Actividades da economia azul:

1- Transporte marítimo e instalações portuárias: Cerca de 80% do volume do comércio mundial, representando 70% do seu valor, passa por mares e portos internacionais.

2- Pesca e aquicultura: Entre 10 e 12% da população mundial depende da pesca e da aquicultura para obter rendimentos. Há cerca de 58,3 milhões de pessoas a trabalhar em áreas primárias relacionadas com a pesca e a aquicultura na pequena pesca. Esta atividade pode proporcionar cerca de 350 milhões de empregos, para além dos potenciais ganhos económicos decorrentes da recuperação das unidades populacionais de peixes, estimados em 50 mil milhões de dólares por ano;

3- Turismo de praia ou costeiro: A maior parte das actividades turísticas mundiais está relacionada e concentrada nas zonas costeiras, e o número de turistas que utilizam navios e iates marítimos registou um crescimento notável, atingindo 16 milhões de turistas em 2011;

4- Energia: Mais de 30% do petróleo e do gás produzidos a nível mundial são extraídos do mar, e os oceanos podem fornecer uma fonte de energia renovável, através da utilização de tecnologias modernas para gerar energia a partir do vento e das ondas, o que contribui para a produção de energia estimada em 175 megawatts até 2035, em comparação com 6 megawatts em 2012;

5- Biotecnologia: Os produtos da biotecnologia marinha contribuem com cerca de 208 mil milhões de dólares para os mercados mundiais, tendo aumentado em 2017 para atingir 4,6 mil milhões de dólares;

6- Actividades mineiras marinhas: Os minerais importantes utilizados no fabrico de tecnologias de energias renováveis estão disponíveis no fundo dos oceanos e dos mares.

O papel da economia azul na concretização da estratégia sustentável:

1- Garantir a proteção e a segurança marítimas:

Os documentos das autoridades competentes associam frequentemente os termos proteção e segurança marítimas, expressando-os com a expressão "maritime security and safety", o que levanta a questão da definição dos dois termos e da relação entre eles, bem como a possibilidade de unificar o termo jurídico se este servir o mesmo objetivo e significado, especialmente à luz da multiplicidade de interesses do sistema. A Revisão da Proteção e Segurança Marítimas Internacionais e a riqueza do seu conteúdo, com muitos princípios e conceitos, e a assunção de um carácter obrigatório para alguns deles.

2- Conseguir uma defesa costeira para os países mediterrânicos:

A costa é definida como a área onde a terra encontra o mar ou o oceano, e é também conhecida como a linha que separa a terra do lago.

É também expressa pelos factores da erosão atmosférica e da dispersão de terras sob a água do mar, uma vez que exprime a área em que ocorre a interação entre os processos do mar e da terra, o que se aplica aos ambientes costeiros devido ao forte contributo das zonas costeiras para a sustentabilidade dos sistemas.

Estas zonas servem de proteção costeira natural sob a forma de bifurcações costeiras, praias arenosas, recifes de coral e sapais, atenuando assim todo o impacto das inundações e mesmo a intensificação de tempestades graves, que se prevê que ocorram com maior frequência com o aumento da temperatura da água. e do nível do mar, como os recifes de coral, evitam danos nas zonas costeiras e nas suas defesas naturais.

Contribuir para alcançar a segurança alimentar no Mediterrâneo:

A segurança alimentar foi definida pelo Comité das Nações Unidas para a Segurança Alimentar Mundial como o usufruto por todas as pessoas, em todos os momentos, de oportunidades físicas, sociais e económicas para obter alimentos suficientes, seguros e nutritivos que satisfaçam as suas necessidades, e um dos componentes para alcançar a segurança alimentar é a obtenção de rendimentos suficientes ou outros recursos para aceder aos alimentos. Para alcançar este objetivo, os países e as organizações internacionais aguardam com expetativa a iniciativa da economia azul, que representa uma oportunidade para alcançar a segurança alimentar, fornecendo alimentos para a população em crescimento no mundo, e na região do Mediterrâneo em particular, através da exploração eficiente dos recursos naturais da região, concentrando-se em actividades rentáveis. A economia azul é uma iniciativa que representa uma oportunidade para alcançar a segurança alimentar, fornecendo alimentos à crescente população mundial e, em particular, à região do Mediterrâneo, através da exploração eficiente dos recursos naturais da região, concentrando-se em actividades rentáveis, que geram valor económico e oportunidades de emprego, como a pesca, a aquicultura, o turismo, as actividades recreativas e o transporte marítimo.

Para garantir a sustentabilidade das actividades de pesca, a Iniciativa Economia Azul convida os Estados-Membros a criarem meios operacionais de acompanhamento e controlo dos recursos haliêuticos, que devem complementar os sistemas em vigor, a fim de obter um conhecimento completo do esforço de pesca a nível nacional e de assegurar a comunicação periódica às instâncias nacionais e internacionais do grau de adesão a esta iniciativa. Esta última visa igualmente conhecer e avaliar os diferentes aspectos económicos e sociais do crescimento azul do sector das pescas, desenvolver a pesca, preservar os recursos haliêuticos para a geração atual e para as gerações futuras, assegurar a sustentabilidade dos recursos marinhos, preservar a biodiversidade e proteger o ambiente marinho.

4- Contribuir para a segurança da água e da energia:

Em 2010, a Assembleia Geral das Nações Unidas aprovou uma resolução que reconhece que "o direito de ter acesso a água potável segura e limpa e ao saneamento é um direito humano e indispensável para o pleno gozo da vida e de todos os direitos humanos". Contribuir para a segurança sanitária:

Os problemas resultantes da propagação de doenças e epidemias, tais como as catástrofes naturais, a propagação de doenças transmitidas por alimentos e outras emergências sanitárias, exigem a formulação de uma janela de visão sobre a forma de desenvolver os programas necessários para enfrentar estes desafios e a adoção de métodos multidisciplinares, uma vez que a segurança sanitária se tornou um dos pilares da estabilidade da segurança global e uma das ameaças a esta. Segurança. Nos últimos anos, muitas doenças e epidemias (SARS, gripe suína, Ébola...) emergiram como uma das maiores causas de morte e sofrimento neste planeta.

E estas doenças surgiram, em grande parte, ao nível dos portos como locais de propagação de infecções entre

Trabalhadores devido à confluência de muitas nacionalidades, ou mesmo aquelas doenças que aparecem nos navios entre viajantes ou marítimos, o que fez com que a Organização Internacional do Trabalho adoptasse um acordo internacional chamado Convenção Unificada do Trabalho Marítimo em 2006, que visa preservar os direitos dos marítimos e praticar o seu trabalho num ambiente seguro e estável e a necessidade de tomar medidas imediatas e eficazes em caso de acidentes ou doenças susceptíveis de ocorrer a bordo Uma vez que a segurança sanitária está ligada à segurança ambiental em geral e ao ambiente marinho em particular, o controlo da segurança das águas marinhas adoptou uma abordagem unificada para as autoridades responsáveis pelo controlo do ambiente marinho. Esta abordagem está em conformidade com as orientações e os procedimentos regionais de vigilância e controlo do meio marinho, nomeadamente no que se refere à obtenção de informações sanitárias relacionadas com os efeitos do meio marinho e à informação dos organismos nacionais e internacionais.

. 4O futuro dos países mediterrânicos no contexto da economia azul: O sector das pescas é considerado um dos recursos naturais renováveis mais importantes, sendo o segundo recurso natural mais importante, depois do petróleo, nos países da costa mediterrânica. Dada a importância do sector, estes países devem proteger e regular os organismos marinhos, desenvolvendo uma estratégia para o sector com o objetivo de alcançar a autossuficiência em recursos haliêuticos, assegurar as fontes de produção e alcançar a segurança alimentar do cidadão e do residente, para além de organizar o turismo costeiro, que se tornou uma indústria integrada e interactiva com outros sectores da economia, sendo assim considerado um fator auxiliar para o processo de desenvolvimento económico, especialmente no domínio das infra-estruturas da economia. Embora a bioeconomia azul seja um conceito relativamente novo, está a receber muita atenção em todo o mundo devido às vantagens que apresenta em termos de utilização de recursos naturais pouco utilizados, renováveis e abundantes. Este conceito combina o sector tradicional da pesca com a inclusão de novos aspectos de desenvolvimento, como a aquicultura, as algas e os produtos marinhos vitais. A economia azul é um novo motor de criação de riqueza e de desenvolvimento sustentável nos países mediterrânicos:

A economia azul na região mediterrânica pode ser uma importante fonte de emprego

Novos desenvolvimentos e crescimento sustentável, o que só pode ser conseguido, em primeiro lugar, através do desenvolvimento sustentável dos principais sectores marinhos, como o transporte marítimo de passageiros e de mercadorias, a aquicultura e o ordenamento do espaço marinho, para além de outras actividades que suportam este conceito, como o transporte marítimo, a construção e reparação naval, a pesca e o transporte. O turismo marítimo, costeiro e portuário, a energia eólica, a investigação e a inovação, a biotecnologia marinha, a vigilância e o controlo marinhos, para além do papel da economia azul representado nas actividades humanas que dependem essencialmente do mar e que se baseiam na interação entre a terra e o mar, num contexto de perspectivas estimadas em milhares de milhões de euros para a pesca local. A fim de apoiar a transição dos países mediterrânicos para esta nova abordagem, (rumo a um roteiro para o investimento azul e os empregos azuis na região mediterrânica) deve:

1- Desenvolver parcerias para a investigação e inovação marinhas na região do Mediterrâneo: determinar como promover o crescimento verde e as oportunidades de emprego na região do Mediterrâneo, promovendo a integração do conhecimento e promovendo o trabalho conjunto de investigação e inovação, incluindo a coordenação, o planeamento e a programação de políticas e ferramentas relevantes de investigação e inovação;

2 Oportunidades de negócio emergentes baseadas no conhecimento: As tecnologias inovadoras da informação e da comunicação (análise de dados, grandes volumes de dados, computação em nuvem, tecnologias móveis) e os dados abertos alteraram o panorama das TI, criando ao mesmo tempo muitas oportunidades e facilitando assim à comunidade das TIC o aproveitamento dos recursos de informação. Para fornecer soluções à medida, estas tecnologias inovadoras também ajudam os decisores políticos e os responsáveis pela gestão na tomada de decisões, estimulando simultaneamente o investimento e o crescimento das empresas, reduzindo a incerteza e melhorando a previsibilidade;

3- Lixo marinho: O lixo marinho é uma ameaça crescente para o ambiente costeiro e marinho, uma vez que representa grandes riscos para a vida selvagem, os ecossistemas marinhos, a segurança humana e os meios de subsistência. A maior parte do lixo marinho provém de actividades em terra, como a eliminação inadequada de resíduos domésticos e de actividades turísticas, recreativas e outras, mas também provém, cada vez mais, de actividades relacionadas com a pesca. O Plano Regional para a Gestão do Lixo Marinho foi desenvolvido no âmbito da Convenção de Barcelona, que proporciona o quadro político pertinente, com intercâmbio de informações associado a acções coordenadas e multissectoriais para combater o lixo marinho;

4- Instrumentos de gestão marinha: Os instrumentos existentes, como as estratégias para as bacias marítimas e o ordenamento do espaço marinho, podem ser instrumentos eficazes para conseguir uma coexistência sustentável das actividades no mar, no sentido do turismo, da aquicultura e das reservas marinhas, e com base na experiência atual, como a estratégia da União Europeia para a região do Adriático e do Jónico e o projeto de ordenamento do espaço marítimo dos dois países;

5- Novas tecnologias e competências para o transporte marítimo, a energia offshore e a energia eólica offshore: promissoras

Tecnologias verdes com grande potencial para a construção naval) reduzir as emissões de NOx,

óxidos de enxofre, dióxido de carbono e tratamento de águas residuais), para portos inteligentes e limpos, para a eficiência energética dos navios (gestão dos combustíveis e da energia em geral), incluindo os navios de pesca, e para a produção de energia marinha, que podem ser associados ao desenvolvimento de novas competências necessárias no sector marítimo (futuros empregos marítimos);

6- Novos conceitos de turismo para um Mediterrâneo sustentável: permitir o intercâmbio de boas práticas e o desenvolvimento

Sinergias em novos produtos turísticos, incluindo o património cultural e as rotas turísticas

O novo meio marinho, a oportunidade de enfrentar os grandes desafios da sustentabilidade e de aumentar as oportunidades

Cooperação no domínio do turismo costeiro. Por conseguinte, para realizar a economia azul na bacia mediterrânica em particular, é necessário gerir e governar bem todas as actividades desenvolvidas nesta região de grande sensibilidade, bem como dominar

Desenvolvimento e incentivo ao investimento nos domínios da

investigação, da tecnologia, da inovação, do conhecimento e das competências

Garantir a segurança e a proteção dos transportes e do comércio marítimo, bem como a luta contra as diferentes formas de poluição, no quadro da coordenação entre as políticas públicas de cooperação e de intercâmbio Norte-Sul e Sul-Sul, com uma abordagem integrada e global. Do que precede, constatamos que os oceanos cobrem quase três quartos do planeta e contêm o maior ecossistema da Terra. As enormes populações costeiras de cada região dependem dos oceanos para melhorar os seus meios de subsistência

Viver e alcançar a prosperidade. Os oceanos também prestam serviços ambientais inestimáveis: geram metade do oxigénio que respiramos, suportam uma grande quantidade de recursos marinhos e actuam como reguladores do clima. Apesar da sua importância crucial, os impactos crescentes das alterações climáticas (incluindo a acidificação dos oceanos), a sobrepesca e a poluição marinha estão a pôr em risco os progressos realizados na proteção dos oceanos do mundo. Os pequenos Estados insulares em desenvolvimento são os mais vulneráveis. Dada a natureza transfronteiriça do oceano, a gestão dos recursos marinhos requer intervenções a todos os níveis (nacional, regional e global), daí a importância da economia azul, uma vez que avalia e inclui o valor real do capital natural "azul" em todos os aspectos da atividade económica, incluindo a visualização, o planeamento e o desenvolvimento de infra-estruturas. O comércio, as deslocações, a exploração dos recursos renováveis, a produção e o consumo de energia.

Em conclusão, os conceitos de economia verde e azul foram

promovidos para desafiar os actuais sistemas económicos que privilegiam o crescimento económico em detrimento da sustentabilidade ambiental e da justiça social e económica. Estudos avançados demonstraram também que os sistemas que promovem a participação de pessoas e comunidades dependentes de recursos na tomada de decisões apoiarão os esforços de construção de sociedades resistentes e constituirão a base de uma economia verde ou azul. As redes da sociedade civil e as pequenas e microempresas, quando organizadas, podem desempenhar um papel vital na promoção de métodos e na aplicação de alternativas de desenvolvimento económico que permitam a justiça social e económica [324-336].

Conclusões

Foi confirmada a resposta comportamental de *B. oleae* a certas misturas de compostos voláteis de levedura associados ao OFF. As armadilhas pegajosas amarelas que continham todas as misturas testadas de compostos voláteis de leveduras associadas ao OFF eram significativamente mais atraentes para a mosca da azeitona do que as armadilhas de controlo, mas as armadilhas que continham misturas de álcoois e ésteres ainda se destacavam.

Estas armadilhas YS capturaram significativamente mais moscas do que as armadilhas YS que continham misturas de álcoois. Ao longo da investigação, as armadilhas YS que continham misturas de álcool isoamílico, acetato de 2-fenetilo e acetato de isobutilo foram constantemente significativas na atração de *B. oleae* em comparação com as armadilhas de controlo, durante a 1ª, 2ª e 3ª geração. Durante a 2ª geração de *B. oleae,* as armadilhas YS contendo álcool isoamílico, álcool 2-fenetílico e acetato de 2-fenetílico também foram significativamente mais atraentes para as moscas do que as armadilhas de controlo, mas não diferiram das armadilhas YS contendo outras misturas de álcool e ésteres. Relativamente aos parâmetros climáticos, a abundância de moscas da azeitona capturadas apenas em armadilhas YS que continham uma mistura de álcool isoamílico e álcool 2-fenetílico foi significativamente correlacionada com a temperatura e a precipitação.

Nenhuma das armadilhas YS contendo as misturas testadas de compostos voláteis de leveduras associadas ao OFF foi atraente para os crisopídeos verdes em comparação com as armadilhas de controlo.

Além disso, a presença de todos os compostos voláteis de levedura associados ao OFF testados foi confirmada durante sete dias na copa das oliveiras após a exposição às condições do campo exterior. Os ésteres, especialmente o acetato de isobutilo, bem como o hexano, apresentaram a maior diminuição de abundância nos dispensadores expostos no olival.

Por conseguinte, podemos concluir que as armadilhas YS contendo certas misturas de compostos voláteis de leveduras associados ao OFF podem ser atractivos úteis para a monitorização e/ou controlo de *B. oleae,* especialmente a mistura de álcool isoamílico, acetato de 2-fenetilo e acetato de isobutilo, que é a mais atractiva.

A primeira investigação do transcriptoma e do proteoma de drupas de oliveira atacadas por *B. oleae*. Os dados de abordagens complementares foram úteis para permitir a identificação de intervenientes moleculares e para delinear as funções biológicas, os processos celulares e as vias associadas à reação de defesa das drupas. Este trabalho também revelou genes interessantes que podem ter um papel importante na resistência da azeitona e, eventualmente, ser úteis para o desenvolvimento de novas estratégias de controlo.

Os isolados dos fungos, *Beauveria bassiana* e *Metarhizium anisopliae,* foram altamente tóxicos contra os três insectos pragas tratados: a mosca da fruta, *Ceratitis capitata, a* mosca da azeitona, *Bactrocera oleae* e a traça da azeitona, Prays oleae, quer em condições laboratoriais quer em condições de campo. A perda de rendimento foi acentuadamente reduzida em comparação com as árvores de controlo.

REFERÊNCIAS

1. Dados do Gabinete Central de Estatística da Palestina. Ver Figura 1 da presente publicação.

2. Para mais informações sobre os danos ambientais causados pelo cultivo intensivo de azeite na Europa, consultar o Fórum Europeu para a Conservação da Natureza e a Pastoral, The Environmental Impact of Olive Oil Production in the European Union: Practical options for improving the environmental impact, (1998).

3. OCHA, Fact Sheet: The Olive Harvest in the West Bank and Gaza Strip, (outubro de 2008).

4. O valor da produção agrícola em 2007 foi estimado em 1064 milhões de dólares. AP, Ministério da Agricultura, The Palestinian Agricultural Sector: Objectivos estratégicos e intervenções prioritárias, (abril de 2009), p.2.

5. AP, Ministério da Agricultura, O Sector Agrícola Palestiniano: Objectivos estratégicos e intervenções prioritárias, (abril de 2009), p.2.

6. O dunum é uma medida de terra do Médio Oriente do período otomano. Em Israel, na Palestina e na Jordânia, equivale a um décimo de hectare

7. PalTrade, The Palestinian Olive Oil Sector, (2005) p.6.

8. Gabinete Central de Estatísticas da Palestina, Main Economic Indicators for Olive Presses Activity in the Palestinian Territory by Governorate, (2009).

9. FAO e PAM, Território Palestiniano Ocupado, Relatório de Análise da Segurança Alimentar e da Vulnerabilidade, (2009) p.39

10. Oxfam GB, Addressing Gender in Oxfam's Livelihood Programme in the Occupied Palestinian Territories, Relatório Interno, (junho de 2010).

11. Oxfam GB, Addressing Gender in Oxfam's Livelihood Programme in the Occupied Palestinian Territories, Relatório Interno, (junho de 2010).

12. Oxfam GB, Addressing Gender in Oxfam's Livelihood Programme in the Occupied Palestinian Territories, Relatório Interno, (junho de 2010).

13. Entrevista da Oxfam a Salaheddin Yousef Albaba, Diretor do Departamento de Extensão de Horticultura, Ministério da Agricultura, 9 de agosto de 2010.

14. Ministério da Agricultura, Figures for olive production by governorate 2009, em árabe, fornecido à Oxfam. 1

15. Entrevista da Oxfam com Saleem Abu Ghazaleh, Diretor do Departamento de Comércio Justo, PARC, 11 de julho de 2011

16. Conclusões de um perito internacional em azeite contratado pela Oxfam GB no decurso do seu projeto "Promoção da produção de azeite e do acesso ao mercado para os pequenos olivicultores".

17. Oxfam GB, Promoting Olive Oil Production and Market Access for Small Scale Olive Farmers: Relatório Anual, 1 de janeiro de 2008 - 31 de março de 2009, relatório interno, (2009).

18. Oxfam GB, Promoting Olive Oil Production and Market Access for Small Scale Olive Farmers: Relatório Anual, 1 de janeiro de 2008 - 31 de março de 2009, relatório interno, (2009).

19. Entrevista da Oxfam a Thomas Cazalis, União dos Agricultores

Palestinianos, 15 de julho de 2010.

20. PalTrade, The Palestinian Olive Oil Sector, (2005), p. 11.

21. PalTrade, The Palestinian Olive Oil Sector, (2005), p. 17.

22. Com base em discussões num Workshop de Consulta "Promoting Olive Oil Production and Market Access for Small Scale Olive Farmers", realizado pela Oxfam GB, a União de Agricultores Palestinianos e o Centro de Desenvolvimento do Comércio Justo, 6 de setembro de 2010.

23. Autoridade Nacional Palestiniana, Plano de Reforma e Desenvolvimento da Palestina (2008-2010).

24. AP, Ministério da Agricultura, The Palestinian Agricultural Sector: Objectivos estratégicos e intervenções prioritárias, (abril de 2009), p.5.

25. PalTrade, The Palestinian Olive Oil Sector, (2005), p. 7.

26. FAO e PAM, Socio-Economic and Food Security Survey Report, Cisjordânia, (agosto de 2009).

27. Autoridade Nacional Palestiniana, Ministério da Agricultura, Estratégia do Sector Agrícola: Uma visão partilhada, (2010).

28. Com base em discussões num Workshop de Consulta "Promoting Olive Oil Production and Market Access for Small Scale Olive Farmers", realizado pela Oxfam GB, a União de Agricultores Palestinianos e o Centro de Desenvolvimento do Comércio Justo, 6 de setembro de 2010.

29. Com base em discussões num Workshop de Consulta "Promoting Olive Oil Production and Market Access for Small Scale Olive Farmers", realizado pela Oxfam GB, a União de Agricultores

Palestinianos e o Centro de Desenvolvimento do Comércio Justo, 6 de setembro de 2010.

30. Os objectivos do POOC são os seguintes Trabalhar com o MdA e outros agentes interessados no desenvolvimento de leis, estratégias, políticas, programas e planos de ação para o desenvolvimento do sector e comércio da azeitona e do azeite; contribuir para o desenvolvimento, promoção e construção do sector do azeite e aumentar a rentabilidade do mesmo, e desenvolver formas de cultivo, poda, controlo e embalagem, fabrico, comercialização e exportação; manter e proporcionar um preço equilibrado no interesse do produtor e do consumidor e comercializar localmente através da ativação de mecanismos de mercado; incentivar a investigação científica no sector do azeite e seus produtos, incluindo o desenvolvimento da produção e comercialização.

31. Memorando de entendimento entre o Ministério da Agricultura e o POOC, tradução não oficial, 20 de outubro de 2009.

32. Com base em discussões num Workshop de Consulta "Promoting Olive Oil Production and Market Access for Small Scale Olive Farmers", realizado pela Oxfam GB, a União de Agricultores Palestinianos e o Centro de Desenvolvimento do Comércio Justo, 6 de setembro de 2010.

33. Entrevista da Oxfam a Nabeeh Aldeeb, Presidente do POOC, 8 de agosto de 2010.

34. Só nos primeiros sete meses de 2010, as Nações Unidas registaram 161 incidentes de violência de colonos israelitas contra

palestinianos na Cisjordânia, um dos quais resultou na morte de uma criança palestiniana, e 60 incidentes em que palestinianos ficaram feridos (OCHA, Protection of Civilians, 21-27 de julho de 2010). Cerca de metade dos feridos em ataques de colonos são mulheres, crianças e idosos (OCHA, Unprotected: Israeli settler violence against Palestinian civilians and their property, dezembro de 2008).

35. OCHA, Protection of Civilians, (6-22 de junho de 2010)

36. Yesh Din, "Police investigation of vandalisation of Palestinian olive trees in the West Bank 2005-2009", (novembro de 2009).

37. Yesh Din, Ahead of the 2007 olive harvest: Yesh Din demands from the security forces, (2007).

38. OCHA, The humanitarian impact on Palestinians of Israeli settlement and other infrastructure in the West Bank, (julho de 2007), p.8.

39. OCHA, West Bank Movement and Access: Special Focus, (junho de 2010), p. 2.

40. Meron Rapoport & Oron Meiri, 'Uprooted', Yedioth Aharonot, (13 de novembro de 2002), em hebraico. De acordo com o artigo, estas oliveiras podem ser vendidas em Israel por 600 ILS - 1.000 ILS ($159- 265), sem que os seus proprietários palestinianos obtenham qualquer lucro.

41. Banco Mundial, West Bank and Gaza Update, (outubro de 2008), p.10.

42. Nações Unidas, The Olive Harvest in the West Bank and Gaza Strip: Fact Sheet, (outubro-novembro de 2004).

43. Tribunal Internacional de Justiça, Parecer consultivo sobre as consequências jurídicas da construção do muro que está a ser construído por Israel no território palestiniano ocupado, (2004), para. 153.

44. ACRI, "Na sequência de petições da ACRI, a Barreira de Separação foi ordenada

rerouted", 22 de setembro de 2009,

http://www.acri.org.il/eng/story.aspx?id=688

45. OCHA, Cisjordânia: Access and Closure Map, (junho de 2010).

46. Entrevista da Oxfam com Saleem Abu Ghazaleh, Diretor do Departamento de Comércio Justo, PARC, 11 de julho de 2011

47. Entrevista da Oxfam com Saleem Abu Ghazaleh, Diretor do Departamento de Comércio Justo, PARC, 11 de julho de 2011

48. Banco Mundial, West Bank and Gaza Update, (outubro de 2008), pp. 7-8.

49. Relatório de investigação da Oxfam, Farmers under occupation: Palestinian agriculture at the crossroads, 2006, não publicado, p.35. Embora o acordo não se tenha concretizado para os palestinianos, os comerciantes israelitas beneficiaram dos Protocolos de Paris ao obterem acesso sem restrições aos mercados palestinianos.

50. Extrato de um artigo no número 25, 31 de março de 2008, do Jerusalem Report. Citado em "Israel's olive reserves" (As reservas de azeitona de Israel), The Jerusalem Post, 17 de março de 2008.

51. Entrevista da Oxfam com Saleem Abu Ghazaleh, Diretor do Departamento de Comércio Justo, PARC, 11 de julho de 2011

52. Ministério da Agricultura, Quadro demonstrativo das quantidades de azeitonas e azeite para exportação entre 1/1/2008 e 31/12/2008, em árabe, fornecido à Oxfam.

53. Informação baseada em entrevistas da Oxfam a consumidores e comerciantes em Gaza, em julho de 2010.

54. PalTrade, The Palestinian Olive Oil Sector, (2005). p.23.

55. PalTrade, The Palestinian Olive Oil Sector, (2005), p. 24.

56. PalTrade, The Palestinian Olive Oil Sector, (2005), p. 24.

57. Entrevista da Oxfam com Saleem Abu Ghazaleh, Diretor do Departamento de Comércio Justo, PARC, 11 de julho de 2011

58. Entrevista da Oxfam a Salaheddin Yousef Albaba, Diretor do Departamento de Extensão de Horticultura, Ministério da Agricultura, 9 de agosto de 2010

59. PalTrade, The Palestinian Olive Oil Sector, (2005), p.7.

60. Questionário de monitorização da Oxfam GB de 22 grupos de produtores de azeitona (2009), documento interno.

61. Ministério da Agricultura, Quadro demonstrativo das quantidades de azeitonas e azeite para exportação entre 1/1/2008 e 31/12/2008, em árabe, fornecido à Oxfam.

62. Grupo de discussão EIP-AGRI sobre pragas e doenças da oliveira: Final
Relatório. Disponível
online:
https://ec.europa.eu/eip/agriculture/en/publications/eip- agri-focus-group-pests-and-diseases-olive-tree-0 (acedido em 15 de novembro de 2021).

63. Kapatos, E.T.; Fletcher, B.S. Uma avaliação dos componentes da perda de culturas devido à infestação por *Dacus oleae,* em Corfu. *Entomol. Hell.* **1983**, *1,* 7-16.

64. Sharaf, N.S. Life history of the olive fruit fly, *Dacus oleae* Gmel. (Diptera: Tephritidae), e os seus danos nos frutos da oliveira na Tripolitânia. *J. Appl. Entomol.* **1980**, *89,* 390-400.

65. Rice, R.E. Bionomics of the Olive Fruit Fly *Bactrocera* (Dacus) *oleae (*Bionómica da mosca da azeitona *Bactrocera* (Dacus) *oleae). UCPlant Prot. Q.* **2000**, *10,* 1-5.

66. Malheiro, R.; Casal, S.; Cunha, S.C.; Batista, P.; Pereira, J.A. Voláteis de azeitona das cultivares portuguesas Cobrançosa, Madural e Verdeal Transmontana: Papel na preferência de oviposição de *Bactrocera oleae* (Rossi) (Diptera: Tephritidae). *PLoS ONE* **2015**, *10,* e0125070.

67. Daane, K.M.; Johnson, M.W. Olive fruit fly: Gerir uma praga antiga nos tempos modernos. *Annu. Rev. Entomol.* **2010**, *55,* 151-169.

68. Montiel Bueno, A.; Jones, O. Métodos alternativos de controlo da mosca da azeitona, *Bactrocera oleae,* com recurso a semioquímicos. In *Proceedings of the IOBC WPRS Bulletin Pheromones and Other Semio-Chemicals in Integrated Production;* Witzgall, P., Mazomenos, B., Konstantopoulou, M., Eds.; IOBC-WPRS: Samos, Grécia, 2002; Volume 25, pp. 147-156.

69. Collier, T.R.; Van Steenwyk, R.A. UC Agriculture & Natural Resources California Agriculture Title As perspectivas de

controlo integrado da mosca da azeitona são promissoras na Califórnia. *Calif. Agric.* **2003**, *57*, 28-32.

70. Kampouraki, A.; Stavrakaki, M.; Karataraki, A.; Katsikogiannis, G.; Pitika, E.; Varikou, K.; Vlachaki, A.; Chrysargyris, A.; Malandraki, E.; Sidiropoulos, N.; et al. Evolução recente e impacto operacional da resistência aos insecticidas nas populações da mosca da azeitona *Bactrocera oleae* da Grécia. *J. Pest Sci.* **2018**, *91*, 1429-1439.

71. Vitanovic, E.; Ivezic, M.; Kacic, S.; Katalinic, M.; Durbesic, P.; Barcic, J.I. Arthropod communities within the olive canopy as bioindicators of different management systems. *Span. J. Agric. Res.* **2018**, *16*, e0301.

72. Amvrazi, E.G.; Albanis, T.A. Pesticide residue assessment in different types of olive oil and preliminary exposure assessment of Greek consumers to the pesticide residues detected. *Food Chem.* **2009**, *113*, 253-261.

73. Hakme, E.; Lozano, A.; Ferrer, C.; Diaz-Galiano, F.J.; Fernández-Alba, A.R. Analysis of pesticide residues in olive oil and other vegetable oils. *TrAC-Trends Anal. Chem.* **2018**, *100*, 167-179.

74. Lentza-Rizos, C.; Avramides, E. Pesticide residues in olive oil. *Rev. Environ. Contam. Toxicol.* **1995**, *141*, 111-134.

75. Generosa, C.; Omar Mohamed, A.; Perrino, E. V Correlações entre gestão biológica e convencional, biodiversidade no terreno e diversidade paisagística, em olivais na Apúlia (Itália). *Adv. Plants Agric. Res.* **2016**, *5*, 568-583.

76. Lantero, E.; Matallanas, B.; Pascual, S.; Dolores Ochando, M.;

Callejas, C. Filogeografia de alelos ace resistentes a organofosforados em populações espanholas de mosca da azeitona: Uma perspetiva mediterrânica no contexto das alterações globais. *Insectos* **2020**, *11*, 396.

77. Liscia, A.; Angioni, P.; Sacchetti, P.; Poddighe, S.; Granchietti, A.; Setzu, M.D.; Belcari, A. Caracterização das sensilas olfactivas da mosca da azeitona: Respostas comportamentais e eletrofisiológicas a compostos orgânicos voláteis da planta hospedeira e filtrado bacteriano. *J. Insect Physiol.* **2013**, *59*, 705-716.

78. Lo Scalzo, R.; Scarpati, M.L.; Verzegnassi, B.; Vita, G. Substâncias químicas de *Olea europaea* repelentes de fêmeas de *Dacus oleae*. *J. Chem. Ecol.* **1994**, *20*, 1813-1823.

79. Scarpati, M.L.; Scalzo, R.L.; Vita, G. *Olea europaea* volatiles attractive and repellent to the olive fruit fly *(Dacus oleae, Gmelin)*. *J. Chem. Ecol.* **1993**, *19*, 881-891.

80. Scarpati, M.L.; Lo Scalzo, R.; Vita, G.; Gambacorta, A. Chemiotropic behavior of female olive fly *(Bactrocera oleae Gmel.)* on *Olea europaea* L. *J. Chem. Ecol.* **1996**, *22*, 1027-1036.

81. Malheiro, R.; Casal, S.; Batista, P.; Pereira, J.A. Uma revisão do impacto de *Bactrocera oleae* (Rossi) nos produtos da olivicultura: Da árvore à mesa. *Trends Food Sci. Technol.* **2015**, *44*, 226-242.

82. Malacrino, A.; Schena, L.; Campolo, O.; Laudani, F.; Mosca, S.; Giunti, G.; Strano, C.P.; Palmeri, V. A Metabarcoding Survey on the Fungal Microbiota Associated to the Olive Fruit Fly. *Microb. Ecol.* **2017**, *73*, 677-684

83. Augustinos, A.A.; Tsiamis, G.; Cáceres, C.; Abd-Alla, A.M.M.; Bourtzis, K. Taxonomia, dieta e estágio de desenvolvimento contribuem para a estruturação de comunidades bacterianas associadas ao intestino em espécies de pragas tefritídeas. *Front. Microbiol.* **2019**, *10*, 2004.

84. Blow, F.; Gioti, A.; Goodhead, I.B.; Kalyva, M.; Kampouraki, A.; Vontas, J.; Darby, A.C. Functional Genomics of a Symbiotic Community: Traços partilhados na microbiota intestinal da mosca da azeitona. *Genoma Biol. Evol.* **2020**, *12*, 3778-3791.

85. Koskinioti, P.; Ras, E.; Augustinos, A.A.; Tsiamis, G.; Beukeboom, L.W.; Caceres, C.; Bourtzis, K. The effects of geographic origin and antibiotic treatment on the gut symbiotic communities of *Bactrocera oleae* populations. *Entomol. Exp. Appl.* **2019**, *167,* 197-208.

86. Vitanovic, E.; Aldrich, J.R.; Boundy-Mills, K.; Cagalj, M.; Ebeler, S.E.; Burrack, H.; Zalom, F.G. Olive Fruit Fly, *Bactrocera oleae* (Diptera: Tephritidae), Attraction to Volatile Compounds Produced by Host and Insect-Associated Yeast Strains. *J. Econ. Entomol.* **2020**, *113,* 752-759.

87. El-Sayed, A.M.; Suckling, D.M.; Byers, J.A.; Jang, E.B.; Wearing, C.H. Potential of "Lure and Kill" in Long-Term Pest Management and eradication of invasive species. *J. Econ. Entomol.* **2009**, *102,* 815-835

88. Shorey, H.H. Behavioral responses to insect pheromones (Respostas comportamentais a feromonas de insectos). *Annu. Rev. Entomol.* **1973**, *18,* 349-380.

89. Nielsen, M.C.; Sansom, C.E.; Larsen, L.; Worner, S.P.; Rostás, M.; Chapman, R.B.; Butler, R.C.; de Kogel, W.J.; Davidson, M.M.; Perry, N.B.; et al. Compostos voláteis como iscos para insectos: Factores que afectam a libertação de sistemas de dispensadores passivos. *N. Z. J. Crop Hortic. Sci.* **2019**, *47*, 208-223.

90. Piper, A.M.; Farnier, K.; Linder, T.; Speight, R.; Cunningham, J.P. Two Gut-Associated Yeasts in a Tephritid Fruit Fly have Contrasting Effects on Adult Attraction and Larval Survival. *J. Chem. Ecol.* **2017**, *43*, 891-901.

91. Batista, M.R.D.; Uno, F.; Chaves, R.D.; Tidon, R.; Rosa, C.A.; Klaczko, L.B. Atração diferencial de drosofilídeos a iscas de banana inoculadas com *Saccharomyces cerevisiae* e *Hanseniaspora uvarum* em um remanescente de floresta neotropical. *PeerJ* **2017**, *5*, e3063.

92. Dweck, H.K.M.; Ebrahim, S.A.M.; Thoma, M.; Mohamed, A.A.M.; Keesey, I.W.; Trona, F.; Lavista-Llanos, S.; Svatos, A.; Sachse, S.; Knaden, M.; et al. Feromonas que medeiam a cópula e a atração em Drosophila. *Proc. Natl. Acad. Sci. USA* **2015**, *112*, 2829-2835.

93. Mori, B.A.; Whitener, A.B.; Leinweber, Y.; Revadi, S.; Beers, E.H.; Witzgall, P.; Becher, P.G. Enhanced yeast feeding following mating facilitates control of the invasive fruit pest *Drosophila suzukii*. *J. Appl. Ecol.* **2017**, *54*, 170-177.

94. Hamby, K.A.; Becher, P.G. Conhecimento atual das interacções entre *Drosophila suzukii* e micróbios, e sua potencial utilidade

para a gestão de pragas. *J. Pest Sci.* **2016**, *89,* 621-630.

95. Deutscher, A.T.; Reynolds, O.L.; Chapman, T.A. Yeast: An Overlooked Component of *Bactrocera tryoni* (Diptera: Tephritidae) Larval Gut Microbiota. *J. Econ. Entomol.* **2017**, *110,* 298-300.

96. Vitanovic, E.; Lopez, J.M.; Aldrich, J.R.; Spika, M.J.; Boundy-Mills, K.; Zalom, F.G. Leveduras associadas à mosca da azeitona *Bactrocera oleae* (Rossi) (Diptera: Tephritidae) levam a novos atrativos. *Agronomia* **2020**, *10*, 1501.

97. Mahzoum, A.M.; Villa, M.; Benhadi-Marin, J.; Pereira, J.A. Resposta funcional de larvas de *Chrysoperla carnea* (Neuroptera: Chrysopidae) em *Saissetia oleae* (Olivier) (Hemiptera: Coccidae): Implicações para o controle biológico. *Agronomia* **2020**, *10*, 1511.

98. Arambourg, Y.; Pralavorio, R. Nota sobre certos caracteres morfológicos de *Prays oleae* Bern. e de *Prays citri* Mil. (Lep. Hyponomeutidae). *Rev. Zool. Agric. Pathol. Veg.* **1978**, *77,* 143146.

99. Pantaleoni, R.A.; Lentini, A.; Delrio, G. Lacewings in Sardinian olive groves. Em *Lacewings in the Crop Environment;* McEwen, P.K., New, T.R., Whittington, A.E., Eds.; Universidade de Cambridge: Cambridge, Reino Unido, 2001; pp. 435-446.

100. Gharbi, N. Eficácia da libertação de *Anthocoris nemoralis* (Hemiptera: Anthocoridae) no controlo do psilídeo da oliveira *Euphyllura olivina* (Hemiptera: Psyllidae). *Eur. J. Entomol.* **2021**, *118*, 135-141.

101. Miller, D.R.; Rung, A.; Parikh, G. Scale Insects, edição 2, uma

ferramenta para a identificação de potenciais pragas de cochonilhas nos portos de entrada dos EUA (Hemiptera, Sternorrhyncha, Coccoidea). *Zookeys* **2014**, *431,* 61.

102. Garratt, M.P.D.; Wright, D.J.; Leather, S.R. The effects of farming system and fertilisers on pests and natural enemies: Uma síntese da investigação atual. *Agric. Ecosyst. Environ.* **2011**, *141*, 261-270.

103. Broumas, T.; Haniotakis, G.; Liaropoulos, C.; Tomazou, T.; Ragoussis, N. Eficácia de uma forma melhorada do método masstrapping para o controlo da mosca da azeitona, *Bactrocera oleae* (Gmelin) (Dipt., Tephritidae): Estudos de viabilidade à escala piloto. *J. Appl. Entomol.* **2002**, *126,* 217-223.

104. Marubbi, T.; Cassidy, C.; Miller, E.; Koukidou, M.; Martin-Rendon,

E. Warner, S.; Loni, A.; Beech, C. A exposição à mosca da azeitona geneticamente modificada *(Bactrocera oleae)* não tem impacto negativo em três organismos não-alvo. *Sci. Rep.* **2017**, *7,* 11478.

105. Davis, T.S.; Crippen, T.L.; Hofstetter, R.W.; Tomberlin, J.K. Microbial Volatile Emissions as Insect Semiochemicals. *J. Chem. Ecol.* **2013**, *39,* 840-859.

106. Ordano, M.; Engelhard, I.; Rempoulakis, P.; Nemny-Lavy, E.; Blum, M.; Yasin, S.; Lensky, I.M.; Papadopoulos, N.T.; Nestel, D. Dinâmica populacional da mosca da azeitona *(Bactrocera oleae)* no Mediterrâneo Oriental: Influência da incerteza exógena num inseto frugívoro monófago. *PLoS ONE* **2015**, *10,* e0127798.

107. Becher, P.G.; Lebreton, S.; Wallin, E.A.; Hedenstrom, E.; Borrero,

F. Bengtsson, M.; Joerger, V.; Witzgall, P. O cheiro da mosca. *J. Chem. Ecol.* **2018**, *44*, 431-435.

108. Malheiro, R.; Casal, S.; Cunha, S.C.; Batista, P.; Pereira, J.A. Identificação de voláteis de folhas de oliveira *(Olea europaea)* e seu possível papel nas preferências oviposicionais da oliveira mosca, *Bactrocera oleae (*Rossi) (Diptera: Tephritidae). *Phytochemistry* **2016**, *121,* 11-19.

109. Davis, T.S.; Landolt, P.J. A Survey of Insect Assemblages Responding to Volatiles from a Ubiquitous Fungus in an Agricultural Landscape. *J. Chem. Ecol.* **2013**, *39,* 860-868.

110. Hagen, K.S.; Tassan, R.L. A influência do soro alimentar e produtos de levedura *Saccharomyces fragilis* relacionados na fecundidade de *Chrysopa carnea* (Neuroptera: Chrysopidae). *Can. Entomol.* **1970**, *102,* 806-811.

111. Gibson, C.M.; Hunter, M.S. Reconsideration of the role of yeasts associated with Chrysoperla green lacewings. *Biol. Control* **2005**, *32,* 57-64.

112. Vitanovic, E.; Aldrich, J.R.; Winterton, S.L.; Boundy-Mills, K.; Lopez, J.M.; Zalom, F.G. Attraction of the Green Lacewing *Chrysoperla comanche* (Neuroptera: Chrysopidae) to Yeast. *J. Chem. Ecol.* **2019**, *45,* 388-391.

113. Gharbi, N.; Dibo, A.; Ksantini, M. Observação das populações de artrópodes durante o surto de psilídeo da oliveira *Euphyllura*

olivina nos olivais tunisinos. *Tunis J. Plant Prot.* **2012**, *7*, 35-42.

114. Bjelis, M. *Zastita Masline u Ekoloskoj Proizvodnji,* 2.ª ed.; Edição própria: Solin, Croácia, 2009.

115. Katalinic, M.; KaCiC, S.; Vitanovic, E. *Stetnici i Bolesti Masline, 1.*ª ed.; Agroknjiga: Split, Croácia, 2009.

116. Wang, N.; Li, Z.H.; Wu, J.; Rajotte, E.G.; Wan, F.H.; Wang, Z.L. A distribuição geográfica potencial de *Bactrocera dorsalis* (Diptera: Tephrididae) na China com base no modelo de taxa de emergência e no ArcGIS Computer and Computing Technologies in Agriculture II. In Proceedings of the Computer and Computing Technologies in Agriculture II, Zhangjiajie, China, 19-21 de outubro de 2011; Volume 293, pp. 399-411.

117. Yokoyama, V.Y. A mosca da azeitona (Diptera: Tephritidae) na Califórnia: Longevidade, oviposição e desenvolvimento em conservas de azeitona em laboratório e em estufa. *J. Econ. Entomol.* **2012**, *105,* 186-195.

118. Heuskin, S.; Verheggen, F.J.; Haubruge, E.; Wathelet, J.P.; Lognay, G. A utilização de dispositivos semioquímicos de libertação lenta em estratégias de gestão integrada de pragas. *Biotechnol. Agron. Soc. Environ.* **2011**, *15,* 459-470.

119. Hofmeyr, J.H.; Burger, B.V. Distribuidor de feromonas de libertação controlada para utilização em armadilhas para monitorizar a atividade de voo da falsa traça do bacalhau. *J. Chem. Ecol.* **1995**, *21,* 355-363.

120. Daane KM, Johnson MW: Olive Fruit Fly: Managing an ancient

pest in modern times. Ann Rev Entomol. 2010, 55: 151-169. 10.1146/annurev.ento.54.110807.090553.

121. Burrack HJ, Connell JH, Zalom FG: Comparação das capturas da mosca da azeitona (Bactrocera oleae (Gmelin)) (Diptera : Tephritidae) em várias armadilhas comerciais na Califórnia. Int J Pest Manag. 2008, 54 (3): 227-234. 10.1080/09670870801975174.

122. Skouras PJ, Margaritopoulos JT, Seraphides NA, Ioannides IM, Kakani EG, Mathiopoulos KD, Tsitsipis JA: Resistência aos organofosforados em populações da mosca da azeitona, Bactrocera oleae, na Grécia e em Chipre. Pest Manag Sci. 2007, 63 (1): 42-48. 10.1002/ps.1306.

123. Koprivnjak O, Dminic I, Kosic U, Majetic V, Godena S, Valencic V: Dinâmica das alterações dos parâmetros de qualidade do azeite relacionadas com o ataque da mosca da azeitona. Europ J Lip Sci Tech. 2010, 112 (9): 1033-1040. 10.1002/ejlt.201000298.

124. Nardi F, Carapelli A, Dallai R, Roderick GK, Frati F: Estrutura populacional e história de colonização da mosca da azeitona, Bactrocera oleae (Diptera, Tephritidae). Mol Ecol. 2005, 14 (9): 2729-2738. 10.1111/j.1365-294X.2005.02610.x.

125. Hawkes NJ, Janes RW, Hemingway J, Vontas J: Deteção de mutações pontuais associadas à resistência da acetilcolinesterase sensível aos organofosforados na mosca da azeitona, Bactrocera oleae (Gmelin). Pest Biochem Physiol. 2005, 81 (3): 154-163. 10.1016/j.pestbp.2004.11.003.

126. **Artigo do CAS Google Scholar**

127. Vontas JG, Hejazi MJ, Hawkes NJ, Cosmidis N, Loukas M, Hemingway J: Mutações pontuais associadas à resistência da acetilcolinesterase insensível aos organofosforados, na mosca da azeitona Bactrocera oleae. Insect Mol Biol. 2002, 11 (4): 329-336. 10.1046/j.1365-2583.2002.00343.x.

128. Loscalzo R, Scarpati ML, Verzegnassi B, Vita G: Produtos químicos de Olea europaea repelentes para fêmeas de Dacus oleae. J Chem Ecol. 1994, 20 (8): 1813-1823. 10.1007/BF02066224.

129. Scarpati ML, LoScalzo R, Vita G, Gambacorta A: Chemiotropic comportamento das fêmeas da mosca da azeitona (Bactrocera oleae gmel) em Olea europaea L. J Chem Ecol. 1996, 22 (5): 1027-1036.
10.1007/BF02029952.

130. Iannotta N, Perri I, Tocci C, Zaffina F: O comportamento de diferentes cultivares de oliveira após o ataque de Bactrocera oleae (Gmel.) III Simpósio Internacional de Olivicultura. Ata Horticol. 1999, 474: 545-548.

131. Massei G, Hartley SE: Desarmado pela domesticação? Induced responses to browsing in wild and cultivated olive. Oecologia. 2000, 122 (2): 225-231. 10.1007/PL00008850.

132. Wang XG, Nadel H, Johnson MW, Daane KM, Hoelmer K, Walton VM, Pickett CH, Sime KR: Crop domestication relaxes both topdown and bottom-up effects on a specialist herbivore. Basic Appl Ecol. 2009, 10 (3): 216-227. 10.1016/j.baae.2008.06.003.

133. Diatchenko L, Lau YFC, Campbell AP, Chenchik A, Moqadam F,

Huang B, Lukyanov S, Lukyanov K, Gurskaya N, Sverdlov ED, et al: Hibridação subtractiva por supressão: A method for generating differentially regulated or tissue-specific cDNA probes and libraries. P Natl Acad Sci USA. 1996, 93 (12): 6025-6030. 10.1073/pnas.93.12.6025.

134. Schittko U, Hermsmeier D, Baldwin IT: Interacções moleculares entre o herbívoro especialista Manduca sexta (Lepidoptera, Sphingidae) e o seu hospedeiro natural Nicotiana attenuata. II. Acumulação de mRNAs de plantas em resposta a sinais derivados de insectos. Plant Physiol. 2001, 125 (2): 701-710. 10.1104/pp.125.2.701.

135. Estrada-Hernandez MG, Valenzuela-Soto JH, Ibarra-Laclette E, Delano-Frier JP: Expressão diferencial de genes em plantas de tomate (Solanum lycopersicum) infestadas com mosca branca Bemisia tabaci em fases progressivas de desenvolvimento do ciclo de vida do inseto. Physiol Plantarum. 2009, 137 (1): 44-60. 10.1111/j.1399-
3054.2009.01260.x.

136. Jin HC, Sun Y, Yang QC, Chao YH, Kang JM, Jin H, Li Y, Margaret G: Screening of genes induced by salt stress from Alfalfa. Relatórios Mol Biol. 2010, 37 (2): 745-753. 10.1007/s11033-009- 9590-7.

137. Johnson LJ, Johnson RD, Schardl CL, Panaccione DG:
Identificação de genes diferencialmente expressos na associação

mutualística de festuca alta com Neotyphodium coenophialum. Physiol Mol Plant Pathology. 2003, 63 (6): 305-317. 10.1016/j.pmpp.2004.04.001.

138. Ouyang B, Yang T, Li HX, Zhang L, Zhang YY, Zhang JH, Fei ZJ, Ye ZB: Identificação de genes de resposta precoce ao stress salino na raiz do tomateiro por hibridação subtractiva por supressão e análise de microarray. J Exper Botany. 2007, 58 (3): 507-520.

139. Huang XW, Li YX, Niu QH, Zhang KQ: Hibridação Subtractiva por Supressão (SSH) e suas modificações na investigação microbiológica. Appl Microbiol Biotech. 2007, 76 (4): 753-760. 10.1007/s00253-007-1076-8.

140. Dani V, Simon WJ, Duranti M, Croy RRD: Changes in the tobacco leaf apoplast proteome in response to salt stress. Proteomics. 2005, 5 (3): 737-745. 10.1002/pmic.200401119.

141. Jones AME, Thomas V, Bennett MH, Mansfield J, Grant M: Modificações no proteoma de defesa da arabidopsis ocorrem antes de uma alteração significativa da transcrição em resposta à inoculação com Pseudomonas syringae. Plant Physiol. 2006, 142 (4): 1603-1620. 10.1104/pp.106.086231.

142. Collins RM, Afzal M, Ward DA, Prescott MC, Sait SM, Rees HH, Tomsett AB: Differential proteomic analysis of Arabidopsis thaliana genotypes exhibiting resistance or susceptibility to the insect herbivore Plutella xylostella. PLoS One. 2010, 5 (4): e10103- 10.1371/journal.pone.0010103.

143. Kjellsen TD, Shiryaeva L, Schroder WP, Strimbeck GR:

Proteómica da tolerância ao congelamento extremo no abeto da Sibéria (Picea obovata). J Proteomics. 2010, 73 (5): 965-975. 10.1016/jjprot.2009.12.010.

144. Huang C, Verrillo F, Renzone G, Arena S, Rocco M, Scaloni A, Marra M: Resposta ao stress biótico e oxidativo em Arabidopsis thaliana: Analysis of variably phosphorylated proteins. J Proteomics. 2011, 74 (10): 1934-1949. 10.1016/jjprot.2011.05.016.

145. Paux E, Tamasloukht M, Ladouce N, Sivadon P, Grima-Pettenati J: Identificação de genes preferencialmente expressos durante a formação de madeira em Eucalyptus. Plant Mol Biol. 2004, 55 (2): 263-280. 10.1007/s11103-004-0621-4.

146. Irles P, Belles X, Piulachs MD: Identificação de genes relacionados com a Coriogénese em ovários panoísticos de insectos através da Hibridação Subtractiva por Supressão. BMC Genomics. 2009, 10: 206-218. 10.1186/14712164-10-206.

147. Spadafora A, Mazzuca S, Chiappetta FF, Parise A, Perri E, Innocenti AM: Atividade da Beta-Glucosidase Específica da Oleuropeína Marca a resposta precoce dos frutos da oliveira (Olea europaea) ao ataque de insectos. Agricul Sci China. 2008, 7 (6): 703-712. 10.1016/S1671 -2927(08)60105-4.

148. Rajeevan MS, Ranamukhaarachchi DG, Vernon SD, Unger ER: Utilização da PCR quantitativa em tempo real para validar os resultados das tecnologias de PCR de matriz de cDNA e de visualização diferencial. Methods. 2001, 25 (4): 443-451.

10.1006/meth.2001.1266.

149. Christensen AB, Cho BH, Naesby M, Gregersen PL, Brandt J, Madriz-Ordenana K, Collinge DB, Thordal-Christensen H: A caraterização molecular de duas proteínas da cevada estabelece a nova família PR-17 de proteínas relacionadas com a patogénese. Mol Plant Pathol. 2002, 3 (3): 135-144. 10.1046/j.1364-3703.2002.00105.x.

150. Wu JQ, Baldwin IT: New insights into plant responses to the attack from insect herbivores. Annu Rev Genet. 2010, 44: 1-24. 10.1146/annurev-genet-102209-163500.

151. Hermsmeier D, Schittko U, Baldwin IT: Interacções moleculares entre o herbívoro especialista Manduca sexta (Lepidoptera, Sphingidae) e o seu hospedeiro natural Nicotiana attenuata. I. Alterações em grande escala na acumulação de substâncias relacionadas com o crescimento e a defesa das plantas mRNAs. Plant Physiol. 2001, 125 (2): 683-700. 10.1104/pp.125.2.683.

152. Kultz D, Fiol D, Valkova N, Gomez-Jimenez S, Chan SY, Lee J: Functional genomics and proteomics of the cellular osmotic stress response in 'non-model' organisms. J Exp Biol. 2007, 210 (9): 1593-1601. 10.1242/jeb.000141.

153. Gion JM, Lalanne C, Le Provost G, Ferry-Dumazet H, Paiva J, Chaumeil P, Frigerio JM, Brach J, Barre A, de Daruvar A, et al: O proteoma do tecido de formação da madeira de pinho marítimo. Proteómica. 2005, 5 (14): 3731-3751. 10.1002/pmic.200401197.

154. Valledor L, Jorrin JV, Rodriguez JL, Lenz C, Meijon M,

Rodriguez R, Canal MJ: A análise proteómica e transcriptómica combinada identifica vias diferencialmente expressas associadas à maturação da agulha de pinus radiata. J Proteome Res. 2010, 9 (8): 3954-3979. 10.1021/pr1001669.

155. Fan J, Chen CX, Yu QB, Brlansky RH, Li ZG, Gmitter FG: Análise comparativa do proteoma iTRAQ e do transcriptoma da laranja doce infetada por "Candidatus Liberibacter asiaticus". Physiol Plantarum. 2011, 143 (3): 235-245. 10.1111/j.1399-3054.2011.01502.x.

156. Gygi SP, Rochon Y, Franza BR, Aebersold R: Correlação entre a abundância de proteínas e mRNA em leveduras. Mol Cell Biol. 1999, 19 (3): 1720-1730.

157. Washburn MP, Koller A, Oshiro G, Ulaszek RR, Plouffe D, Deciu C, Winzeler E, Yates JR: Protein pathway and complex clustering of correlated mRNA and protein expression analyses in Saccharomyces cerevisiae. P Natl Acad Sci USA. 2003, 100 (6): 3107-3112. 10.1073/pnas.0634629100.

158. Boter M, Ruiz-Rivero O, Abdeen A, Prat S: Conserved MYC transcription factors play a key role in jasmonate signaling both in tomato and Arabidopsis. Gene Dev. 2004, 18 (13): 1577-1591. 10.1101/gad.297704.

159. Yin L, Tao Y, Zhao K, Shao JM, Li XB, Liu GZ, Liu SQ, Zhu LH: Análise proteómica e transcriptómica da diferenciação de calos derivados de sementes maduras de arroz. Proteomics. 2007, 7 (5): 755-768. 10.1002/pmic.200600611.

160. Jamet E, Roujol D, San-Clemente H, Irshad M, Soubigou-

Taconnat L, Renou JP, Pont-Lezica R: Cell wall biogenesis of Arabidopsis thaliana elongating cells: transcriptomics complements proteomics. BMC Genomics. 2009, 10: 505-517. 10.1186/1471-2164-10-505.

161. Zhao ZX, Zhang W, Stanley BA, Assmann SM: Functional proteomics of Arabidopsis thaliana guard cells uncovers new stomatal signaling pathways. Plant Cell. 2008, 20 (12): 3210-3226. 10.1105/tpc.108.063263.

162. Day RS, McDade KK, Chandran UR, Lisovich A, Conrads TP, Hood BL, Kolli VSK, Kirchner D, Litzi T, Maxwell GL: Identifier mapping performance for integrating transcriptomics and proteomics experimental results. BMC Bioinforma. 2011, 12: 213226. 10.1186/1471-2105-12-213.

163. Hegde PS, White IR, Debouck C: Interação entre a transcriptómica e a proteómica. Curr Opin Biotech. 2003, 14 (6): 647-651. 10.1016/j.copbio.2003.10.006.

164. Jamai A, Salome PA, Schilling SH, Weber APM, McClung CR: Arabidopsis Photorespiratory Serine Hydroxymethyltransferase Activity Requires the Mitochondrial Accumulation of FerredoxinDependent Glutamate Synthase. Plant Cell. 2009, 21 (2): 595-606. 10.1105/tpc.108.063289.

165. Bilgin DD, Zavala JA, Zhu J, Clough SJ, Ort DR, DeLucia EH: O stress biótico regula globalmente os genes da fotossíntese. Plant Cell Environ. 2010, 33 (10): 1597-1613. 10.1111/j.1365-3040.2010.02167.x.

166. Schwachtje J, Baldwin IT: Why does herbivore attack reconfigure

primary metabolism? Plant Physiol. 2008, 146 (3): 845-851. 10.1104/pp.107.112490.

167. Koyama K, Sadamatsu K, Goto-Yamamoto N: O ácido abscísico estimulou o amadurecimento e a expressão genética nas películas dos bagos da uva Cabernet Sauvignon. Funct Integr Genomics. 2010, 10 (3): 367-381. 10.1007/s10142-009-0145-8.

168. van de Ven WTG, LeVesque CS, Perring TM, Walling LL: Local and systemic changes in squash gene expression in response to silverleaf whitefly feeding. Plant Cell. 2000, 12 (8): 1409-1423.

169. Konno K: O látex vegetal e outros exsudados como sistemas de defesa das plantas:
Papéis de vários produtos químicos de defesa e proteínas neles contidos. Phytochem. 2011, 72 (13): 1510-1530. 10.1016/j.phytochem.2011.02.016.

170. Xiong YQ, DeFraia C, Williams D, Zhang XD, Mou ZL: A caraterização de mutantes de inserção de ADN T da 6-fosfogluconolactonase de Arabidopsis revela um papel essencial para a secção oxidativa da via de fosfato de pentose plastidica no crescimento e desenvolvimento das plantas. Plant Cell Physiol. 2009, 50 (7): 1277-1291. 10.1093/pcp/pcp070.

171. Verhage A, van Wees SCM, Pieterse CMJ: Imunidade das plantas: São as hormonas a falar, mas o que é que elas dizem? Plant Physiol. 2010, 154 (2): 536-540. 10.1104/pp.110.161570.

172. Estes AM, Hearn DJ, Bronstein JL, Pierson EA: O endossimbionte da mosca da azeitona, "Candidatus erwinia dacicola", passa de uma existência intracelular para uma existência extracelular

durante o desenvolvimento do inseto hospedeiro. Appl Environ Microb. 2009, 75 (22): 70977106. 10.1128/AEM.00778-09.

173. Kounatidis I, Crotti E, Sapountzis P, Sacchi L, Rizzi A, Chouaia B, Bandi C, Alma A, Daffonchio D, Mavragani-Tsipidou P, et al: Acetobacter tropicalis Is a Major Symbiont of the Olive Fruit Fly (Bactrocera oleae). Appl Environ Microb. 2009, 75 (10): 32813288. 10.1128/AEM.02933-08.

174. Walling LL: The myriad plant responses to herbivores. J Plant Growth Regul. 2000, 19 (2): 195-216.

175. Dixon RA, Achnine L, Kota P, Liu CJ, Reddy MSS, Wang LJ: O A via dos fenilpropanóides e a defesa das plantas - uma perspetiva genómica. Mol Plant Pathol. 2002, 3 (5): 371-390. 10.1046/j.1364-3703.2002.00131.x.

176. Truman W, Bennettt MH, Kubigsteltig I, Turnbull C, Grant M: A imunidade sistémica da Arabidopsis utiliza vias de sinalização de defesa conservadas e é mediada por jasmonatos. P Natl Acad Sci USA. 2007, 104 (3): 1075-1080. 10.1073/pnas.0605423104.

177. Mizutani M, Ohta D, Sato R: Isolamento de um cDNA e de um clone genómico que codifica a cinamato 4-hidroxilase de Arabidopsis e sua expressão in planta. Plant Physiol. 1997, 113 (3): 755-763. 10.1104/pp.113.3.755.

178. Benitez Y, Botella MA, Trapero A, Alsalimiya M, Caballero JL, Dorado G, Munoz-Blanco J: Análise molecular da interação entre Olea europaea e o fungo biotrófico Spilocaea oleagina. Mol Plant Pathol. 2005, 6 (4): 425-438. 10.1111/j.1364- 3703.2005.00290.x.

179. Taylor JE, Hatcher PE, Paul ND: Crosstalk between plant

responses to pathogens and herbivores: a view from the outside in. J Exp Bot. 2004, 55 (395): 159-168.

180. Xu L, Zhu LF, Tu LL, Guo XP, Long L, Sun LQ, Gao W, Zhang XL: Expressão genética diferencial na resposta de defesa do algodão a Verticillium dahliae por SSH. J Phytopathol. 2011, 159 (9): 606-615. 10.1111/j.1439-0434.2011.01813.x.

181. Terra WR, Cristofoletti PT: Proteinases do intestino médio em três espécies divergentes de Coleoptera. Comp Biochem Phys B. 1996, 113 (4): 725730. 10.1016/0305-0491(95)02037-3.

182. Silva F, Alcazar A, Macedo LLP, Oliveira AS, Macedo FP, Abreu LRD, Santos EA, Sales MP: Enzimas digestivas durante o desenvolvimento de Ceratitis capitata (Diptera : Tephritidae) e efeitos do SBTI nos seus alvos de serina proteinase digestiva. Insect Biochem Mol Biology. 2006, 36 (7): 561-569. 10.1016/j.ibmb.2006.04.004.

183. Huvenne H, Smagghe G: Mechanisms of dsRNA uptake in insects and potential of RNAi for pest control: A review. J Insect Physiol. 2010, 56 (3): 227-235. 10.1016/jjinsphys.2009.10.004.

184. Zhu-Salzman K, Luthe DS, Felton GW: Proteínas induzíveis por artrópodes: defesas de largo espetro contra múltiplos herbívoros. Plant Physiol. 2008, 146 (3): 852-858. 10.1104/pp.107.112177.

185. Lawrence SD, Novak NG, Ju CJT, Cooke JEK: Batata, Solanum tuberosum, defesa contra o escaravelho da batata do colorado, Leptinotarsa decemlineata (Say): Microarray gene expression profiling of potato by colorado potato beetle regurgitant treatment of wounded leaves. J Chem Ecol. 2008, 34 (8): 1013-1025.

10.1007/s10886-008-9507-2.

186. Corrado G, Arciello S, Fanti P, Fiandra L, Garonna A, Digilio MC, Lorito M, Giordana B, Pennacchio F, Rao R: A Chitinase A do baculovírus AcMNPV aumenta a resistência a fungos e pragas herbívoras no tabaco. Transgenic Res. 2008, 17 (4): 557571. 10.1007/s11248-007-9129-4.

187. Rao R, Fiandra L, Giordana B, de Eguileor M, Congiu T, Burlini N, Arciello S, Corrado G, Pennacchio F: A proteína ChiA do AcMNPV rompe a membrana peritrófica e altera a fisiologia do intestino médio das larvas de Bombyx mori. Insect Biochem Mol Biol. 2004, 34 (11): 1205-1213. 10.1016/j.ibmb.2004.08.002.

188. van Loon LC, Rep M, Pieterse CMJ: Significance of inducible defense-related proteins in infected plants. Annu Rev Phytopathol. 2006, 44: 135-162. 10.1146/annurev.phyto.44.070505.143425.

189. Xie WL, Goodwin PH: Um gene PRp27 de Nicotiana benthamiana contribui para a resistência a Pseudomonas syringae pv. tabaci mas não a Colletotrichum destructivum ou Colletotrichum orbiculare. Funct Plant Biol. 2009, 36 (4): 351-361. 10.1071/FP08241.

190. Okushima Y, Koizumi N, Kusano T, Sano H: Proteínas segregadas de células BY2 de cultura de tabaco: identificação de um novo membro das proteínas relacionadas com a patogénese. Plant Mol Biol. 2000, 42 (3): 479488. 10.1023/A:1006393326985.

191. Margaria P, Palmano S: Response of the Vitis vinifera L. cv. 'Nebbiolo' proteome to Flavescence doree phytoplasma infection. Proteomics. 2011, 11 (2): 212-224. 10.1002/pmic.201000409.

192. Sambrook J, Fritsh EF, Maniatis T: Molecular cloning, a laboratory manual.Secondth edition. Cold Spring Harbor, NY: Cold Spring Harbor LaboratoryPress; 1989.

193. Huang XQ, Madan A: CAP3: Um programa de montagem de sequências de ADN. Genome Res. 1999, 9 (9): 868-877. 10.1101/gr.9.9.868.

194. Altschul SF, Madden TL, Schaffer AA, Zhang JH, Zhang Z, Miller W, Lipman DJ: Gapped BLAST e PSI-BLAST: uma nova geração

de programas de pesquisa de bases de dados de proteínas. Nucleic Acids Res. 1997, 25 (17): 3389-3402. 10.1093/nar/25.17.3389.

195. Gasteiger E, Gattiker A, Hoogland C, Ivanyi I, Appel RD, Bairoch A: ExPASy: o servidor proteómico para um conhecimento e análise aprofundados das proteínas. Nucleic Acids Res. 2003, 31 (13): 3784-3788. 10.1093/nar/gkg563.

196. Conesa A, Gotz S, Garcia-Gomez JM, Terol J, Talon M, Robles M: Blast2GO: uma ferramenta universal para anotação, visualização e análise na investigação genómica funcional. Bioinformatics. 2005, 21 (18): 3674-3676. 10.1093/bioinformatics/bti610.

197. Marchler-Bauer A, Anderson JB, Chitsaz F, Derbyshire MK, DeWeese-Scott C, Fong JH, Geer LY, Geer RC, Gonzales NR, Gwadz M, et al: CDD: anotação funcional específica com a Conserved Domain Database. Nucleic Acids Res. 2009, 37: D205D210. 10.1093/nar/gkn845.

198. Emanuelsson O, Brunak S, von Heijne G, Nielsen H: Localização

de proteínas na célula utilizando TargetP, SignalP e ferramentas relacionadas. Nat Protoc. 2007, 2 (4): 953-971. 10.1038/nprot.2007.131.

199. Bannai H, Tamada Y, Maruyama O, Nakai K, Miyano S: Extensivo deteção de características de sinais de triagem de proteínas N-terminais. Bioinformatics. 2002, 18 (2): 298-305. 10.1093/bioinformatics/18.2.298.

200. Digilio MC, Corrado G, Sasso R, Coppola V, Iodice L, Pasquariello M, Bossi S, Maffei ME, Coppola M, Pennacchio F, et al: Molecular and chemical mechanisms involved in aphid resistance in cultivated tomato. New Phytol. 2010, 187 (4): 1089-1101. 10.1111/j.1469- 8137.2010.03314.x.

201. Corrado G, Sasso R, Pasquariello M, Iodice L, Carretta A, Cascone P, Ariati L, Digilio MC, Guerrieri E, Rao R: Systemin regula a sinalização sistémica e volátil em plantas de tomate. J Chem Ecol. 2007, 33 (4): 669-681. 10.1007/s10886-007-9254-9.

202. Wang W, Vignani R, Scali M, Cresti M: Um protocolo universal e rápido para a extração de proteínas de tecidos vegetais recalcitrantes para análise proteómica. Electrophoresis. 2006, 27 (13): 2782-2786. 10.1002/elps.200500722.

203. Rocco M, Corrado G, Arena S, D'Ambrosio C, Tortiglione C, Sellaroli S, Marra M, Rao R, Scaloni A: A expressão do gene da prosistemina do tomateiro em plantas de tabaco afecta fortemente o repertório proteómico do hospedeiro. JProteomics. 2008, 71 (2): 176-185.

204. Vascotto C, Cesaratto L, D'Ambrosio C, Scaloni A, Avellini C, Paron I, Baccaranil U, Adani GL, Tribelli C, Quadrifoglio F, et al: Proteomic analysis of liver tissues subjected to early ischemia/reperfusion injury during human orthotopic liver transplantation. Proteomics. 2006, 6 (11): 3455-3465. 10.1002/pmic.200500770.

205. Scippa GS, Rocco M, Ialicicco M, Trupiano D, Viscosi V, Di Michele M, Arena S, Chiatante D, Scaloni A: O proteoma das sementes de lentilhas (Lens culinaris Medik.): Discriminating between landraces. Electrophoresis. 2010, 31 (3): 497-506. 10.1002/elps.200900459

206. Baker R., R. Herbert, P.E. Howse, O.T. Jones, W. Franke e W. Reith, 1980. Identificação e síntese da feromona sexual principal da mosca da azeitona (Dacus oleae). J. Chem. Soc. Chem. Comm. 52-53.

207. Broumas, T., C. Liaropoulos, P. Katsoyiannos, C. Yamvrias e F. Strong, 1983. Control of the olive fruit fly in a pest management trial in olive culture. In Fruit fly of Economic Importance, R Cavalloro (ed). Proc. do CEC/IOBC, Intern. Sympos.Athens Greece, 16-19 Nov. 1982, pp 584-592.

208. Broumas, T. e G. Haniotakis, 1987. Novos estudos sobre o controlo da mosca da azeitona por armadilhagem em massa. Proc. II Intern. Symp. Moscas da Fruta/Creta, setembro de 1986, pp 561-565.

209. Delrio, G. e R. Cavalloro, 1977. Reporti sulciclo biologico e sulla dimanicca di populazione del Dacus oleae Gmelin in Liguria.

Redia 60: 221-253 Economopoulos, A.P., 1977. Controlo de Dacus oleae por armadilhas amarelas fluorescentes. Entomol. Exp. et Appl. 22: 183-190.

210. Haniotakis, G.E. M. Kozyrakis, e K. Bonatsos, 1987. Gestão de toda a área da mosca da azeitona através de atractivos alimentares e feromonas sexuais em armadilhas tóxicas. Proc. II Intern. Symp. Fruit Flies/Crete Sept. 1986, pp 549-560.

211. Haniotakis, G.E., M. Kozyrakis, Th. Fitsakis, e A. Antonidaki. 1991. Um método eficaz de armadilhagem em massa para o controlo da mosca da azeitona Dacus oleae [Diptera: Tephritidae]. J. Econ. Entomol. 84: 3326-3331.

212. Jones, O.T. 1987. A utilização de produtos químicos modificadores do comportamento na gestão integrada de pragas de espécies frutícolas seleccionadas. Proc. II Intern. Symp. Moscas da fruta/Creta, setembro de 1986, pp 451-458.

213. Kapatos, E.T. e Fletcher, B.S. 1983. Desenvolvimento de um sistema de gestão de pragas de Dacus oleae em Corfu utilizando critérios ecológicos. In: Fruit Flies of Economic Importance (Moscas da fruta de importância económica). R. Cavalloro (ed). Proc. do CEC/IOBC, Intern Sympos. Atenas, Grécia, 16-19 de novembro de 1982, pp 593-602.

214. Kondilis, P., B. Mazomenos, I. Moustakali, E. Hadjoudis e G.Tsoucaris 1990. Complexos de inclusão de ciclodextrinas com a feromona da mosca da azeitona Dacus oleae. Actas do 5. Simpósio Internacional. Cyclodextrins. Paris, março de 1990, pp 578-583,

215. Manousis, T. e N.F. Moore, 1987. Mini-revisão. Controlo de Dacus oleae, uma das principais pragas da oliveira. Ciência dos Insectos e suas Aplicações 8(1), 1-9.

216. Mazomenos, B.E. e G.E. Haniotakis, 1981. Uma feromona sexual feminina multicomponente de Da1cus oleae Gmel. Isolamento e bioensaio. J. Chem. Ecol. 7: 437- 443.

217. Mazomenos, B.E. e G.E. Haniotakis. 1985 Atração da mosca da azeitona masculina por componentes sintéticos da feromona sexual em testes laboratoriais e de campo. J. Chem. Ecol., 11: 397-405.

218. Mazomenos, B.E., G.E. Haniotakis, A. Ioannou, I.Spanakis e A. Kozirakis. 1983. Avaliação no terreno das armadilhas de feromonas para a mosca da azeitona com diferentes distribuidores e concentrações. In: Fruit Flies of Economic Importance. R. Cavalloro (ed). Proc. do CEC/IOBC, Intern. Atenas, Grécia, 16-19 de novembro de 1982, pp. 506-512.

219. Mazomenos, B., P. Kondilis, E. Hadjoudis, I. Moustakali e G. Tsoucaris 1989. Ciclodextrinas como sistema de distribuição da feromona de Dacus oleae. Proc. Simpósio Internacional de Controlo. Controlo. Rel. Bioactive Material, 16 Controlled Release Society, Inc. pp 239-240.

220. Montiel-Bueno, A., 1986. Utilização da feromona sexual na monitorização e controlo da mosca da azeitona. Proc. II Intren. Symp. Moscas da Fruta/Creta, setembro de 1986, pp 483-494. Nadel, D.J. 1966. Controlo da mosca da azeitona pelo método de isco com hidrolasato através da aplicação aérea e terrestre.

Boletim de Proteção das Plantas da FAO, 14(3).

221. Orphanidis, R.K. Danielidou, P.S. Alexopoulou, A.A. Tsamakis e G.B. Karayannis, 1958. Recherches experimentales surl l'attractivite exercee par certaines substances proteinees sur le Dacus adulte de l'olive. Ann. Inst. Phytopath. Benaki 1: 171-198.

222. Ramos, P., O.T. Jones e P.E. Howse. 1983. Situação atual da mosca da azeitona (Dacus oleae) em Granada, Espanha, e técnicas de controlo das suas populações. In: Fruit Flies of Economic Importance. R. Cavalloro (ed). Proc. do CEC/IOBC, Intern. Sympos. Atenas, Grécia, 16-19 Nov. 1982, pp 38-40

223. Rice,RE, Phillips,PA, Stewart-LeslieJ, Sibbett,GS (2003) Olive fruit fly populations measured in Central and Southern California. Calif Agric 57, 122-127.

224. Collier,TR, Van Steenwyk,A (2003) As perspectivas de controlo integrado da mosca da azeitona são promissoras na Califórnia. Calif Agric 57, 28-31.

225. Sabbour, M.M. e A.F. Sahab, 2005. Eficácia de alguns agentes de controlo microbiano contra pragas da couve no Egipto. Pak. J. Biol. Sci., 8: 1351-1356.

226. Sabbour, M.M. e A.F. Sahab, 2007. Eficácia de alguns agentes de controlo microbiano contra Agrotis ipsilon e Heliothis armigera no Egipto. Bull. N.R.C. Egipto.

227. Sabbour, M.M. e Shadia, E. Abd-El-Aziz, 2010. Eficácia de alguns bioinsecticidas contra a infestação de Bruchidius incarnatus (BOH.) (Coleoptera: Bruchidae) durante o armazenamento. J. Plant Prot. Res., 50(1): 2834.

228. Castillo, M.A., P. Moya, E. Hernandez e E. Primo-Yufera, 2000. Suscetibilidade de Ceratitis capitata Wiedenmann (Diptera: Tephritidae) a fungos entomopatogénicos e ao seu extrato. Biol. Cont., 19: 274-282.

229. Espin, G.A.T., S.M. Iaghi De., C.L. Messias e A.E. Pie-Drabuena, 1989. Pathogencidad de Metarhizium anisopliaenas diferentes fases de desenvolvimento de Ceratitis capitata (Wied.) (Diptera: Tephritidae). Revista Brasileria de Entomologia, 33: 17-23. Finney, D.J., 1971.

230. Sahab, A.F. e M.M. Sabbour, 2011. Virulência de quatro fungos entomo-patogénicos em algumas pragas do algodão, com especial referência ao impacto de alguns pesticidas, factores nutricionais e ambientais no crescimento dos fungos. Egipto. J. Boil. Pest Cont., 21(1): 61-67.

231. Shadia E. Abdel Aziz e M.A. Nofel, 1998. Eficácia de bactérias, fungos e produtos naturais em iscos contra o bicho-grilo Agrotis ipsilon (Hufn.) (Lepidoptera: Noctuidae) no Egipto. J. Egypt. Ger. Soc. Zool., 27. Ent. 129-139.

232. Abdel-Rahman, M.A.A., 2001. Prevalência sazonal de fungos entomo-patogénicos que atacam afídeos de cereais que infestam o trigo no sul do Egipto. Inter. Symposium. Agric. Agadir-Marrocos, 7-10: 381-389.

233. Abdel-Rahman, M.A.A. e A.Y. Abdel-Mallek, 2001. Registos paramilitares sobre fungos entomopatogénicos que atacam pulgões de cereais que infestam plantas de trigo no sul do Egipto. Primeira Conferência sobre Alternativas seguras aos pesticidas

para a gestão de pragas, Assiut: 183-190.

234. Abdel-Rahman, M.A.A., A.Y. Abdel-Mallek, S.A. Omar e A.H. Hamam, 2004. Ocorrência natural de fungos entomopatogénicos em afídeos de cereais em Assiut. Um estudo comparativo entre observações de campo e de laboratório. Egipto. J. Boil. Sci., 14: 107-112.

235. Tanda, Y. e H.K. Kaya, 1993. Insect Pathology. Academic Press, San Diego, CA, EUA.

236. Zalom,FG, Van Steenwyk,RA, Burrack,HJ, Johnson,MW, Flint,ML, Galin,PN, Fayard,ML (2009) Olive fruit fly. Gestão integrada de pragas para jardineiros domésticos e profissionais da paisagem. Notas sobre pragas

237. Neuenschwander,P, Michelakis,S (1978) The infestation of Dacus oleae (Gmel.) (Diptera, Tephritidae) at harvest time and its influence on yield and quality of olive oil in Crete. Zeitschrift für Angewandte Entomologie 86, 420-433.

238. Kapatos,ET (1989) Sistema de gestão integrada de pragas de Dacus oleae in: Moscas-das-frutas: A sua Biologia, Inimigos Naturais e Controlo: v.
3B (World Crop Pest). Robinson, A.S., Hooper, G. (eds.), pp. 391398, Kruislan (Amesterdão, Países Baixos). Knipling,EF (1955) Possibilities of insect control or eradication through the use of sexually sterile males. J Econ Entomol 48, 459-469.

239. Ferreira,JR, Talnha,AM (1983) Resíduos de insecticidas organofosforados em azeitonas e azeite. Pestic Sci 14, 167-172.

240. Knipling,EF (1955) Possibilities of insect control or eradication

through the use of sexually sterile males. J Econ Entomol 48, 459469.

241. Hendrichs,JP, Ortiz,G, Liedo,P, Schwarz,A (1983) Six years of successful medfly program in Mexico and Guatemala in: In Fruit Flies of Economic Importance. Cavalloro, R. (ed.), pp. 353-365, A. A. Balkema. Roterdão

242. Orankanok,W, Chinvinijkul,S, Thanaphum,S, Sitilob,P, Enkerlin,WR (2007) Area-wide integrated control of oriental fruit fly Bactrocera dorsalis and guava fruit fly Bactrocera correcta in Thailand in: Area-Wide Control of Insect Pests: From Research to Field Implementation. Vreysen, M.J.B., Robinson, A.S., Hendrichs, J. (eds.), pp. 517-526, Springer, Dordrecht, Países Baixos.

243. Reyes Flores,J, Santiago M.,G, Hernandez M.,P (2000) The Mexican fruit fly eradication programme in: Area-Wide Control of Fruit Flies and other Insect Pests. Tan, K.H. (ed.), pp. 377-380, Penerbit Universiti Sains Malaysia, Penang, Malásia.

244. Koyama,J, Kakinohana,H, Miyatake,T (2004) Erradicação da mosca do melão, Bactrocera cucurbitae, no Japão: importância do comportamento, ecologia, genética e evolução. Annu Rev Entomol 49, 331-349.

245. Fisher,K (1996) Mosca da fruta de Queensland (Bactrocera tryoni): erradicação da Austrália Ocidental in: Fruit Fly Pests: A World Assessment of their Biology and Management. McPheron, B.A., Steck, G.J. (eds.), pp. 535-541, St.

246. Jessup,A, Dominiak,BC, Delima,CPF, Tomkins,A, Smallridge,CJ

(2007) Area-wide management of fruit flies in Australia: environmental, economic and food issues in: Area-wide control of insect pests: from research to field implementation. Vreysen, M.J.B., Robinson, A.S., Hendrichs, J. (eds.), pp. 685-697, Springer, Dordrecht, Países Baixos.

247. Melis, A.; Baccetti, B. Metodi di lotta vecchi e nuovi sperimentati contro i principali fitofagi dell'olivo in Toscana nel 1960. *Redia* **1960**, *45*, 193-217.

248. Haber, G.; Mifsud, D. Pragas e doenças associadas às oliveiras nas Ilhas Maltesas (Mediterrâneo Central). *Cent. Mediterr. Nat.* **2007**, *4*, 142-161.

249. Kurcharczyk, H.; Zawirska, I. On the Occurrence of Thysanoptera in Poland. In *Thrips and Tospoviruses, Proceedings on the 7th International Symposium on Thysanoptera, Reggio Calabria, Italy, 7-11 July 2001;* CSIRO Entomology: Clayton South, Austrália, 2001; pp. 341-344.

250. Morison, G.D. Thysanoptera do sudoeste da Arábia e da Etiópia. *J. Proc. Linn. Soc.* **1958**, *43*, 587-598.

251. Marullo, R.; Vono, G. Forti attacchi di *Liothrips oleae* su olivo in Calabria. *LInformatore Agrario* **2017**, *36*, 51-55.

252. Mound, L.A.; Pereyra, V. *Liothrips tractabilis* sp. n. (Thysanoptera: Phlaeothripinae) da Argentina. *Neotrop. Entomol.* **2008**, *37*, 6367.

253. Ramanand, H.; Mc Connachie, A.J.; Olckers, T. Tolerância térmica

de *Liothrips tractabilis,* um agente de controlo biológico de

Campuloclinium macrocephalum recentemente estabelecido na África do Sul. *Entomol. Exp. Appl.* **2017**, *162*, 234-242

254. Del-Claro, K.; Mound, L.A. Fenologia e descrição de uma nova espécies de *Liothrips* (Thysanoptera: Phlaeothripidae) de *Didymopanax* (Araliaceae) no cerrado brasileiro. *Rev. Biol. Trop.* **1996**, *44*, 193-197.

255. Costa, A. *DeglLnsetti che Attaccano IAlbero ed il Frutto dell'Olivo, del Ciliegio, del Pero, del Melo, del Castagno, e della Vite, e le Semenze del Pisello, della Lenticchia, della Fava, e del Grano; loro Descrizione e Biologia, Danni che Arrecano e Mezzi per Distruggerli;* Reale Accademia delle Scienze Fisiche e Matematiche di Napoli: Nápoles, Itália, 1857; pp. 80-82. [**Google Scholar**]

256. Priesner, H. *Ordnung Thysanoptera. Bestimmungsbucher zur Bodenfauna Europas. Lief 2;* Akademie-Verlag: Berlim, Alemanha, 1964; p. 242.

257. Uzel, H. *Monographie der Ordnung Thysanoptera;* Koniggratz: Bohemia, República Checa, 1895; p. 472.

258. Mound, L.A. A review of R.S. Bagnall's Thysanoptera Collections. *Bull. Br. Mus. Nat. Hist. Entomol. Ser.* **1968**, *11*, 1181.

259. Bagnall, R.S. On some new genera and species of Thysanoptera. *Trans. Nat. Hist. Soc. Northumbr.* **1908**, *3*, 183-217.

260. Stannard, L.J. *The Phylogeny and Classification of the North American Genera of the Suborder Tubulifera (Thysanoptera);* Illinois Biological Monographs; University of Illinois Press:

Champaign, IL, EUA, 1957; Volume 25, pp. 1-200.

261. Silvestri, F. Rassegna degli insetti dell'olivo del bacino del Mediterráneo. In Actas do XI Internazionale Congresso di Olivicoltura, Lisboa, Portugal, 26 de novembro-1 de dezembro de 1933.

262. Bournier, A. Um novo caso de partenogénese arrenothoque: *Liothrips oleae* (Costa). *Arch. Zool. Exp. Gen.* **1956**, *93,* 135-141.

263. Bournier, A. *Les Thrips. Biologie-Importance Agronomique;* Inra: Paris, França, 1983; pp. 1-128.

264. Mound, L.A.; Kibby, G. *Thysanoptera: An Identification Guide;* CABI International: Wallingford, Reino Unido, 1998; p. 70.

265. Marullo, R. *Conoscere i Tisanotteri. Guida al Riconoscimento delle Specie Dannose alle Colture Agrarie;* Edagricole: Bolonha, Itália, 2003; p. 75.

266. ThripsID. Disponível online: https://www.thrips.net/ (acedido em 27 de abril de 2020).

267. Mound, L.A.; Marullo, R. The Thrips of Central and South America: Uma introdução. *Mem. Entomol. Int.* **1996**, *6,* 1-488.

268. Walsh, P.S.; Metzger, D.A.; Higuchi, R. Chelex 100 como meio de extração simples de ADN para tipagem baseada em PCR a partir de material forense. *BioTechniques* **1991**, *10,* 506-513.

269. Simon, C.; Frati, F.; Beckenbach, A.; Crespi, B.; Liu, H.; Flook, P. Evolução, ponderação e utilidade filogenética de sequências de genes mitocondriais e uma compilação de primers conservados da reação em cadeia da polimerase. *Ann. Entomol. Soc. Am.* **1994**, *87,*

651-701.

[Google Scholar] [CrossRef]

270. Campbell, B.C.; Steffen-Campbell, J.D.; Werren, J.H. Filogenia do complexo de espécies de Nasonia (Hymenoptera: Pteromalidae) inferida a partir de um espaçador interno transcrito (ITS2) e de sequências de rDNA 28S. *Insect Mol. Biol.* **1993**, *2,* 225-237.

271. Hall, T.A. BioEdit: Um editor de alinhamento de sequências biológicas de fácil utilização e um programa de análise para Windows 95/98/NT. *Nucleic Acids Symp. Ser.* **1999**, *41,* 95-98.

272. Madeira, F.; Park, Y.M.; Lee, J.; Buso, N.; Gur, T.; Madhusoodanan, N.; Basutkar, P.; Tivey, A.R.N.; Potter, S.C.; Finn, R.D.; et al. As APIs das ferramentas de pesquisa e análise de sequências do EMBL-EBI em 2019. *Nucleic Acids Res.* **2019**, *47*, W636-W641.

273. Centro Nacional de Informação Biotecnológica (NCBI) Bethesda (MD): National Library of Medicine (US), National Center for Biotechnology Information. 1988. Disponível online: https://www.ncbi.nlm.nih.gov/ (acedido em 21 de abril de 2020).

274. Lanfear, R.; Frandsen, P.B.; Wright, A.M.; Senfeld, T.; Calcott, B. PartitionFinder 2: Novos métodos para selecionar modelos particionados de evolução para análises filogenéticas moleculares e morfológicas. *Mol. Boil. Evol.* **2017**, *34,* 772-773.

275. Ranneby, B. O método do espaçamento máximo. Um método de estimativa relacionado com o método da máxima verosimilhança.

Scand. J. Stat. **1984**, *11*, 93-112.

276. Kumar, S.; Stecher, G.; Tamura, K. MEGA 7: Molecular Evolutionary Genetics Analysis versão 7.0 para as maiores bases de dados. *Mol. Biol. Evol.* **2016**, *33*, 1870-1874.

277. Dutcher, J.D. A Review of Resurgence and Replacement Causing Pest Outbreaks in IPM (Uma revisão do ressurgimento e da substituição que causam surtos de pragas no MIP). In General Concepts in Integrated Pest and Disease Management; Ciancio, A., Mukerji, K.G., Eds.; Springer: BerlinHeidelberg, Alemanha, 2007; pp. 27-43.

278. Hill, M.P.; Macfadyen, S.; Nash, M.A. A aplicação de pesticidas de largo espetro altera as comunidades de inimigos naturais e pode facilitar surtos de pragas secundárias. PeerJ **2017**, 5, e4179.

279. Zvaríková, M.; MasarovPc, R.; Bohus, M.; Fedor, P. Outra infiltração induzida pelas alterações climáticas? O registo mais setentrional de esporos termófilos que alimentam Allothrips pillichellus (Thysanoptera: Phlaeothripidae: Idolothripinae). Biologia **2017**, 72, 961-964.

280. Bonsignore, C.P.; Vono, G.; Bernardo, U. Environmental thermal levels a_ect the phenological relationships between the chestnut gall wasp and its parasitoids. Physiol. Entomol. **2019**, 44, 87-98.

281. Ouyang, F.; Hui, C.; Ge, S.; Men, X.Y.; Zhao, Z.H.; Shi, P.J.; Zhang, Y.S.; Li, B.L. O enfraquecimento da dependência da densidade devido às alterações climáticas e à intensificação agrícola desencadeia surtos de pragas: Uma observação de 37 anos de bollworms de algodão. Ecol. Evol. **2014**, 4, 33623374.

282. Bonsignore, C.P.; Vizzari, G.; Vono, G.; Bernardo, U. O estresse frio de curto prazo afeta o parasitismo na vespa da galha da castanha asiática Dryocosmus kuriphilus. Insectos **2020**, 11, 841.

283. Childers, C.C.; Achor, D.S. Thrips Feeding and Oviposition Injuries to Economic Plants, Subsequent Damage and Host Responses to Infestation. Em Thrips Biology andManagement; Parker, B.L., Skinner, M., Lewis, T., Eds.; Plenum Press: New York, NY, USA, 1995; pp. 31-52.

284. Gonzalez-Andujar, J.L. Sistema pericial para a identificação de pragas, doenças e infestantes na cultura da oliveira. Expert Syst. Appl. **2009**, 36, 32783283.

285. Mascarenhas, A.L.S.; Waldschmidt, A.M.; Silva, J.C., Jr. Estrutura populacional e diversidade genética em Gynaikothrips uzeli (Thysanoptera: Phlaeothripidae): existe correlação entre proximidade genética e geográfica? Genet. Mol. Res. **2015**, 14, 9793-9803.

286. Marullo, R.; Mercati, F.; Vono, G. DNA Barcoding: Um método confiável para a identificação de espécies de tripes (Thysanoptera, Thripidae) coletadas em armadilhas pegajosas em campos de cebola. Insectos **2020**, 11, 489.

287. Inoue, T.; Sakurai, T. The phylogeny of Thrips (Thysanoptera: Thripidae) based on partial sequences of cytochrome oxidase I, 28S ribosomal DNA and elongation fator-1_ and the association with vetor competences of tospoviruses. Appl. Entomol. Zool. **2007**, 42, 71-81.

288. Buckman, R.S.; Mound, L.A.; Whiting, M.F. Phylogeny of thrips

(Insecta: Thysanoptera) based on five molecular loci. Syst. Entomol. **2013**, 38, 123-133.

289. Suryanto, D. Seleção e Caracterização de Isolados Bacterianos para a Degradação de Aromáticos Monocíclicos. Tese de Mestrado, Institut Pertanian Bogor, Bogor, Indonésia, 2001.

290. Myers P, Espinosa R, Parr CS, Jones T, Hammond GS, Dewey TA. (2016). Psyllidae. Animal Diversity Web. Museu de Zoologia da Universidade de Michigan. (31 de março de 2016)

291. Kabashima JN, Paine TD, Daane KM, Dreistadt SH. (2014). Psilídeos: manejo integrado de pragas para jardineiros domésticos e profissionais da paisagem. Universidade da Califórnia, Agricultura e Recursos Naturais. Publicação 7423 das Notas sobre Pragas. (31 de março de 2016)

292. Johnson MW. (2009). Psilídeo da oliveira, *Euphyllura olivina* (Costa) (Hemiptera: Psyllidae). Centro de Investigação de Espécies Invasoras. Universidade da Califórnia Riverside. (1 de abril de 2016)

293. Ouvrard D. (2016). Espécie: *Euphyllura olivina* (Costa, 1839). Psyl'list: A base de dados mundial de Psylloidea. (1 de abril de 2016)

294. Meftah H, Boughdad A, Bouchelta A. 2014. Comparação dos parâmetros biológicos e demográficos de *Euphyllura olivina* Costa (Homoptera, Psyllidae) em quatro variedades de azeitona. Jornal Oficial do Conselho Oleícola Internacional 120: 3-17.

295. Johnson MW, Daane KM, Lynn-Patterson K. 2010. Avaliação da ameaça do psilídeo da oliveira para as azeitonas de mesa da

Califórnia. pp. 1-11. Relatório final de 2010, Comité das Azeitonas da Califórnia.

296. Zalom FG, Vossen PM, van Steenwyk RA, Johnson MW. (2014). <u>Diretrizes de manejo de pragas da UC: Psilídeo da oliveira</u>. Programa Estadual de Gestão Integrada de Pragas, Agricultura e Recursos Naturais da Universidade da Califórnia. (31 de março de 2016)

297. Alford DV. 2014. Pragas das culturas frutícolas: A colour handbook, segunda edição. CRC Press, Londres, Reino Unido.

298. Laemmlen FF. (2014). <u>Pragas em jardins e paisagens: Bolor fuliginoso</u>. Programa Estadual de Gestão Integrada de Pragas, Agricultura e Recursos Naturais da Universidade da Califórnia. (6 de abril de 2016)

299. Gharbi N, Dibo A, Ksantini M. 2012. Observação das populações de artrópodes durante o surto de psilídeo da oliveira *Euphyllura olivina* nos olivais tunisinos. Jornal Tunisino de Proteção das Plantas 7: 27-34.

300. *Fauna Europaea*

301. ^ YAKOVLEV, R.V., 2011: Catálogo da Família Cossidae do Velho Mundo. *Neue Entomologische Nachrichten,* **66**: 1-129.

302. ^ *"Zeuzera pyrina (Linnaeus, 1761)". Fauna Europaea. Recuperado em 29 de junho de 2018.*

303. ^ Jump up to:- - <u>Pragas da madeira com importância para a PQ</u> Soluções Fitossanitárias at the Wayback Machine.

304. ^ Jump up to:[-b c] *Kimber, Ian. <u>"50.002 BF161 Leopard Traça Zeuzera pyrina (Linnaeus, 1761)"</u>. UKMoths. Recuperado*

em 6 de agosto de 2020.

305. ^ *Ford, R.L.E. (1963). O livro do observador de mariposas maiores. Londres: Frederick Warne. p. 219.*

306. *Ellis, W N. "Prays oleae (Bernard, 1788) small olive ermel". Parasitas de plantas da Europa. Recuperado em 28 de março de 2020.*

307. *Kimber, Ian. "22.004 BF449c Prays oleae (Bernard, 1788) ". UKmoths. Recuperado em 28 de março de 2020.*

308. *www.agraria.org. "Entomologia agraria: Cocciniglia mezzo grano di pepe".* https://www.agraria.org./

309. ^ *"Cocciniglia mezzo grano di pepe ". agroambiente. info.arsia. toscana. it.*

310. ^ necrologio-giovene, pag. 44, nota 3

311. ^ *"Detalhes - Novo dicionário de história natural, aplicado aux arts, à l'agriculture, à l'économie rurale et domestique, à la médecine,etc.-Património da Biodiversidade Biblioteca".* https://www.biodiversitylibrary.org./ *1816. doi:10.5962/bhl.title.20211.*

312. ^ *Byron, Morgan A.; Gillett-Kaufman, Jennifer L. (fevereiro de 2018). "Escala negra". Criaturas em destaque. Universidade da Flórida. Recuperado em 27 de abril de 2020.*

313. ^ *"Saissetia oleae (escama da azeitona)". Compêndio de Espécies Invasoras. CABI. Recuperado em 27 de abril de 2020.*

314. ^ *Gill, Raymond J. (1997). "Insectos de escamas moles, sua biologia, inimigos naturais e controlo". Pragas de culturas mundiais. Recuperado em 11 de outubro de 2020.*

315. Lampson LJ, Morse JG. 1992. Um levantamento dos parasitóides da cochonilha negra, *Saissetia oleae* (Hom.: Coccidae) (Hym.: Chalcidoidea) no sul da Califórnia. Entomophaga 37: 373-390.

316. Applebaum SW, Rosen D. 1964. Estudos ecológicos sobre a cochonilha da oliveira, *Parlatoria olaeae,* em Israel. Journal of Economic Entomology 57: 847-850.

317. Rosen D, Harpaz I, Samish M. 1971. Duas espécies de *Saissetia* (Homoptera: Coccidae) prejudiciais à oliveira em Israel e seus inimigos naturais. Israel Journal of Entomology 5: 35-53.

318. *"Relatório Hylesinus". Sistema Integrado de Informação Taxonómica. Recuperado em 2019-09-22.*

319. *^ "Hylesinus". GBIF. Recuperado em 2019-09-22.*

320. *^ "Informações sobre o género Hylesinus". BugGuide.net. Recuperado em 201909-22.*

321. *"Relatório Phloeotribus". Sistema Integrado de Informação Taxonómica. Recuperado em 2019-09-23.*

322. *^ "Phloeotribus". GBIF. Recuperado em 23/09/2019.*

323. *^ "Informação sobre o género Phloeotribus". BugGuide.net. Recuperado em 201909-23.*

324. Adamowicz, M. (2022). Acordo Verde, Crescimento Verde e Economia Verde como meio de apoio para atingir os Objectivos de Desenvolvimento Sustentável. Sustentabilidade, 14(10), 5901.

325. Bennett, N. J., Cisneros-Montemayor, A. M., Blythe, J., Silver, J. J., Singh, G., Andrews, N., & Sumaila, U. R. (2019). Rumo a uma economia azul sustentável e equitativa. *Nature Sustainability,* 2(11), 991-993.

326. Daniek, K. Indicadores da economia verde como método de monitorização do desenvolvimento nas dimensões económica, social e ambiental. Nierówno'sci Spoleczne A Wzrost Gospod. Soc. Inequal. Econ. Growth 2020, 62, 150-173. [CrossRef]

327. Comissão Europeia 2018 . Disponível em https: //ec.europa.eu/maritimeaffairs/policy/blue_growth_en.

328. Halpern, B. S., Frazier, M., Potapenko, J., Casey, K. S., Koenig, K., Longo, C., ... & Walbridge, S. (2015). Mudanças espaciais e temporais nos impactos humanos cumulativos no oceano do mundo. *Comunicações da natureza, 6*(1), 1-7.

329. Kildow, J. T., & McIlgorm, A. (2010). The importance of estimating the contribution of the oceans to national economies (A importância de estimar a contribuição dos oceanos para as economias nacionais). *Marine Policy, 34(3),* 367-374.

330. Nash, K. L., Cvitanovic, C., Fulton, E. A., Halpern, B. S., Milner-Gulland, E. J., Watson, R. A., & Blanchard, J. L. (2017). Limites planetários para um planeta azul. *Nature ecology & evolution, 7*(11), 1625-1634.

331. OCDE (2016). A economia dos oceanos em 2030. OCDE.

332. Sumaila, U. R., Walsh, M., Hoareau, K., Cox, A., Teh, L., Abdallah, P., ... & Zhang, J. (2021). Financiamento de uma economia oceânica sustentável. *Comunicações da natureza, 72*(1), 1-11.

333. PNUMA. Relatório Anual 2011: Programa das Nações Unidas para o Ambiente, RIO+ 2012; Divisão de Comunicações e Informação Pública do PNUA: Nairobi, Quénia, 2011.

334. Van der Ploeg, R.; Withagen, C. Green growth, green paradox and global economic crisis. Environ. Inovar. Soc. Transit. 2013, 6, 116119. [CrossRef]

335. Banco Mundial, & Departamento de Assuntos Económicos e Sociais das Nações Unidas. (2017). O Potencial da Economia Azul: Increasing Long-term Benefits of the Sustainable Use of Marine Resources for Small Island Developing States and Coastal Least Developed Countries [Aumentar os benefícios a longo prazo da utilização sustentável dos recursos marinhos para os pequenos Estados insulares em desenvolvimento e os países costeiros menos desenvolvidos].

336. Organização Mundial da Saúde. (2016). Organização para a Cooperação e Desenvolvimento Económico (OCDE). Organização Mundial da Saúde:

Sobre os autores

Prof. Dr. Mohamed Abdel-Raheem Ali Abdel-Raheem

Professor de Entomologia (Controlo Biológico)

Departamento de Pragas e Proteção das Plantas

Instituto de Investigação Agrícola e Biológica

Centro Nacional de Investigação.

33rd ElBohouth St., Dokki, Cairo, Egipto.

Endereço de correio eletrónico:

abdelraheem_nrc@hotmail.com,

abdelraheem_nrc@yahoo.com

Telemóvel: (+2) 01155527583 - (+2) 01009580797

Dr. Mohamed Abdel-Raheem Ali Abdel-Raheem, Prof. de Entomologia (Controlo Biológico), Departamento de Pragas e Proteção de Plantas, Instituto de Investigação Agrícola e Biológica, Centro Nacional de Investigação, Cairo, Egipto. Publicações publicadas (266) artigos (80), Livros e capítulos de livros (186), (Scopus) h-index (10), Citações (253), (Google Scholar) h-index (16) , Citações (758), (Web of Science) Publicações (9), h-index (4), Citações (40), Research Gate, h-index (13), Citações (

548), Revisores em revistas internacionais (125), Artigos revistos em Controlo Biológico (483), Editor chefe em revista (6), Conselho editorial em revistas (32), Editor chefe associado em revista (5), Conferência participada (27), Workshop participado (292), Simpósio participado (176), Fórum participado (4), Prémio (4), Outros participados (30), Projectos como PI e membro (19), Cursos de formação para Agric. Engenharia (20), Cursos de Formação para Estudantes Universitários (8), Frequência de Cursos de Formandos (19), TV & Rádio (19), Orientador de Tese de Doutoramento (1), Comissão de Tese de Doutoramento (2), e Membro de Fundação Científica (13).

Centro Nacional de Investigação. 33rd ElBohouth St., Dokki, Cairo, Egipto.

Endereço de correio eletrónico: abdelraheem_nrc@hotmail.com, abdelraheem_nrc@yahoo.com, ma.abdel-raheem@nrc.sci.eg,

Telemóvel: (+2) 01155527583 - (+2) 01009580797

Scopus ID do autor : 55220661700

https://www.scopus.com/authid/detail.uri?authorId=55220661700http://scholar.google.com/citations?hl=en&user=gBtssEgAAAAJ%20https://orcid.org/my-orcid?orcid=0000-0001-9240-

064X%20https://www.webofscience.com/wos/author/searchAbdel-Raheem,%20Mohamed%20Abdel-Raheem%20Ali%20-%20Web%20of%20Science%20Core%20Collection%20https://www.researchgate.net/profile/Mohamed_Abdel-Raheem4/publications?sorting=recentlyAdded%20http://livedna.org/20.16018http://www.resarcherid.com/rid/R-6264-2017%20https://www.webofscience.com/wos/author/record/R-6264-2017

- -https : //www.youtube.com/attribution_link?a=NsH2xGv9mY8&u=%2Fwatch%3Fv%3Dsb46rBG8-Mc%26feature%3Dshare

- https://youtu.be/Ub8djW0tggo

- https://m.facebook.com/story.php?story_fbid=4929070692883388&i d=100076011247165

- https://youtu.be/dOujUAZmTdw

- https://m.facebook.com/story.php?story_fbid=4929070692883388&i d=100076011247165

- https://fb.watch/gPGrDuzZFX/

- https://www.youtube.com/watch?si=4UfyQaeHVLPiVR5J&v=nXV%204NT-no7o&feature=youtu.be

- https://www.youtube.com/watch?v=sRH44W6TbcQ

- https://youtu.be/uq9Qj3AEBHk?si=ymaX06huG2AXJESu

أ.د / محمد عبد الرحيم
استاذ المكافحة البيولوجية بالمركز القومى للبحوث

COP27
EGYPT 2022
6
مباشر
أ. د/ محمد عبد الرحيم علي
أستاذ المكافحة البيولوجية بالمركز القومي للبحوث بالقاهرة

السيادة النباتية

أ . د / محمد عبد الرحيم علي
استاذ المكافحة البيولوجية بالمركز القومي للبحوث
السياده النباتية

الصادرات النباتية
التنبؤ المبكر بسوسه النخيل والطرق الحديثه لمكافحتها
وزير الزراعة يعلن استقبال اسواق السعودية للبصل المصري
3:25 PM

Printed by Books on Demand GmbH, Norderstedt / Germany